中等职业学校教学用书

新编五笔字型快速培训教程
（第 4 版）

丁爱萍　主编

电子工业出版社

Publishing House of Electronics Industry

北京·BEIJING

内 容 简 介

本书从最基本的指法开始讲起，全面、系统地介绍了五笔字型 86 版输入法。主要内容包括：五笔字型输入法入门，键盘操作与指法训练，金山打字通的安装和使用，汉字输入法概述，五笔字型编码基础，五笔字型的字根，单字输入，五笔字型快速录入，五笔字型高级使用技巧，其他常用五笔字型输入法，五笔字型汉字编码快速查询。

本书按照初学者最佳学习顺序进行讲解，浅显易懂，将知识讲授与示例解析相结合，边讲边练，使读者看得明白，学得快捷，轻松实现技能达标。本书提供的五笔汉字编码速查表便于学生择需而查，及时解决汉字拆分疑难问题。

本书适合作为中等职业学校和汉字录入培训班汉字输入法的培训教材，也适合作为希望快速成为打字高手的初学者的自学教材。

图书在版编目（CIP）数据

新编五笔字型快速培训教程 / 丁爱萍主编. —4 版. —北京：电子工业出版社，2017.7
中等职业学校教学用书

ISBN 978-7-121-32060-6

Ⅰ．①新… Ⅱ．①丁… Ⅲ．①五笔字型输入法－中等专业学校－教材 Ⅳ．①TP391.14

中国版本图书馆 CIP 数据核字（2017）第 144156 号

策划编辑：关雅莉
责任编辑：柴　灿　　文字编辑：张　广
印　　刷：北京七彩京通数码快印有限公司
装　　订：北京七彩京通数码快印有限公司
出版发行：电子工业出版社
　　　　　北京市海淀区万寿路 173 信箱　　邮编：100036
开　　本：787×1 092　1/16　印张：11.75　字数：300.8 千字
版　　次：2003 年 1 月第 1 版
　　　　　2017 年 7 月第 4 版
印　　次：2022 年 9 月第 7 次印刷
定　　价：25.00 元

凡所购买电子工业出版社图书有缺损问题，请向购买书店调换。若书店售缺，请与本社发行部联系，联系及邮购电话：（010）88254888，88258888。

质量投诉请发邮件至zlts@phei.com.cn，盗版侵权举报请发邮件至dbqq@phei.com.cn。

本书咨询联系方式：（010）88254562，zhangg@phei.com.cn。

前　　言

五笔字型输入法是一种将汉字输入计算机的方法。由王永民发明，又称"王码"五笔字型输入法。

五笔字型输入法是一种完全依照汉字的字形，不计读音，不受方言和地域限制，只用标准英文键盘的 25 个字母键，便能够以"字词兼容"的方式，高效率地向计算机输入汉字的编码方法。其编码规则简单明了，重码少，5 区 25 个键位井井有条，规律性强，键位负荷与手指功能协调一致，字词兼容，简繁通用，无论多么复杂的汉字，最多只需击 4 次键即可输入计算机，重码率低，简码多，词组多，效率高。初学者经过一定的指法训练，一般每分钟可输入汉字 120～160 个，熟练者可输入近 200 字。

正是由于五笔字型汉字输入法具有重码率低、便于盲打、输入速度快等特点，而成为目前使用最广，最优秀的汉字输入法。但是，五笔字型的拆分规则比较特殊，需要专门的训练才能掌握，因此适用于需要快速输入汉字的人员。

本书是五笔字型汉字输入法培训教程。全书在简单介绍了五笔字型的入门知识后，从键盘操作和指法训练开始，以"王码"五笔字型输入法 86 版为主，介绍了五笔字型输入法对汉字结构的规定和基本编码原则、字根的键盘布局规律、汉字的拆分和输入方法及操作等。另外，还对目前流行的由五笔字型衍生出的搜狗五笔输入法、智能五笔输入法、万能五笔输入法、极品五笔输入法进行了介绍。

本书的特色如下：

1. 注重实用，强调操作，针对性强。按照初学者的最佳学习顺序进行讲解，浅显易懂，知识讲授与示例解析相结合，使读者看得明白，学得快捷。

2. 教学兼顾、讲练结合、文字精练、图表丰富、版式明快。

3. 学习五笔，重在练习。本书在每个重要知识点后均提供相应的录入练习，可使读者快速掌握所学内容，并对学习效果进行检验，全面突出能力训练和考查。

4. 提供的所有汉字 86 版五笔编码速查字表便于读者择需而查，及时解决汉字拆分疑难问题。

本书讲解详细，条理清晰，边讲边练，易于上手，是学习五笔字型的最佳教程。适合作为中等职业学校和汉字录入短训班汉字输入法的培训教材，也适合作为希望快速成为打字高手的初学者的自学教材。

本书由丁爱萍主编，其他参加编写工作的人员有蒋晓絮、韩苏苏、张洁、贾红军、蒋咏絮、彭战松、张校慧、杜鹃、龚磊、殷莺、高欣、李建壮、耿风、赵秋霞、李海翔等。由于编者水平有限，书中疏漏和不足之处难免，敬请广大读者不吝赐教。

编　者

目　　录

第 1 章

五笔字型输入法入门

五笔字型输入法（简称五笔）是王永民在 1983 年 8 月发明的一种汉字输入法。因为发明人姓王，所以也称为"王码五笔"。

汉字编码的方案很多，但基本依据都是汉字的读音和字形两种属性。五笔字型完全依据笔画和字形的特征对汉字进行编码，是典型的形码输入法。五笔字型输入是目前中国及一些东南亚国家（如新加坡、马来西亚等国）常用的汉字输入法之一。

五笔字型输入法完全依照汉字的字形，不记读音，不受方言和地域的限制，只用标准英文键盘的 25 个字母键，便能够以"字词兼容"的方式，高效率地输入汉字。但是，五笔字型使用的是字根和码元作为输入时的助记符，因此记忆量要比拼音或注音输入方法的大。所以，五笔字型的记忆量较大，但由于有五笔字型口诀，也并不难记忆。

五笔字型输入法的键码短、输入快、多简码，一个字或一个词组最多只有 4 个码。通过练习可以很好地锻炼分拆汉字的能力及认字能力。通过五笔字型输入法认字输入比拼音输入更准确。因此五笔字型输入法问世至今，已拥有相当广泛的用户。

1.1 五笔字型输入法的版本

1. 王码五笔字型输入法

王码五笔字型输入法自 1983 年诞生以来，共有三代定型版本：第一代的 86 版、第二代的 98 版和第三代的新世纪版（新世纪五笔字型输入法），这三种五笔字型输入法统称为王码五笔。至于 WB18030，其核心编码仍是第一代的 86 版，是 86 版的一个"修正版"。

（1）86 版：也就是老式的五笔，又称 4.5 版。使用 130 个字根，可处理 GB 2312 汉字集中的 6763 个汉字。由于习惯问题，它至今仍然是拥有用户群最为巨大的编码方案。

（2）98 版：是一种改进型的方案，其编码的科学性更强、更易于学习和使用。使用 259 个码元，可处理中、日、韩汉字中的 21 003 个汉字。但二者在编码原则上大同小异。

（3）新世纪版：于 2008 年 1 月 28 日推出，采用新设计的字根体系更加符合分区划位规律，更加科学易记而实用，按规范笔顺写汉字的人，取码输入更容易，可以处理 27 533 个简繁汉字。

三个版本的五笔有很多共同之处，只有少数字根或字根分布不同，大部分汉字的编码都没有改，编码规则也保持一致，只要记住少数变动的字根，专门挑选那些"编码"不同的字练上几天，就可以由原来熟悉的五笔版本过渡到五笔的新版本。

设计者认为，86 版的字根设置不如 98 版和新世纪版科学。但是由于 86 版较先发布，且

98 版和新世纪版五笔字型编码的专利权尚掌握在王码公司手中，而王码公司反对其他公司在未授权的情况下开发和发行五笔字型输入法，因此 86 版五笔字型编码及相关软件的用户和输入法程序都比 98 版和新世纪版多。

2．其他五笔输入法

在王码五笔输入法出现之后，又出现了许多其他的五笔输入法，如搜狗五笔、智能五笔、极品五笔、万能五笔、海峰五笔、龙文五笔、QQ 五笔等。

由于 86 版编码的专利开放，它们大多采用 86 版的编码方式，但也有使用者提供 98 版和新世纪版编码的码表。它们在造词等功能上加以改进，也获得了一定的用户群。这其中也有一部分是以五笔编码形式为主的输入平台，它们不仅可以用五笔方式来输入，也可以根据用户的需求，安装不同的码表，以提供其他的编码输入方式。

本书以目前用户使用最多的王码 86 版为例进行介绍。

1.2 下载五笔字型输入法

1．从王码官网下载

在王码官方网站提供了免费软件供用户下载，如图 1-1 所示，单击"下载试用"按钮即可。

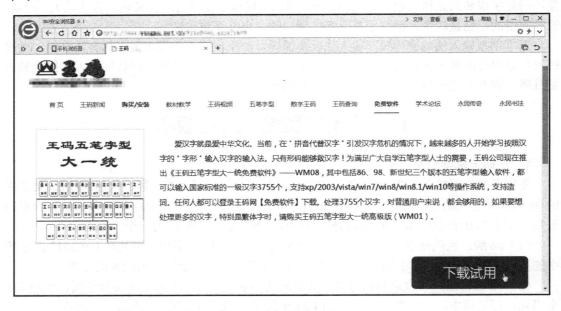

图 1-1 王码官方网站

在王码官网中，还提供了五笔字型的学习视频和学习方法，大家可以在此进行学习。

2．利用搜索引擎下载

提供中文输入法软件的网站有很多，可以用"百度"等搜索引擎来搜索"五笔字型输入法下载"即可。

下面以使用"百度"搜索引擎为例，介绍其下载方法。

（1）打开浏览器，在搜索栏中输入百度，回车后进入百度搜索页面。

（2）在搜索栏中输入"五笔字型输入法下载"，单击"百度一下"按钮，如图 1-2 所示。

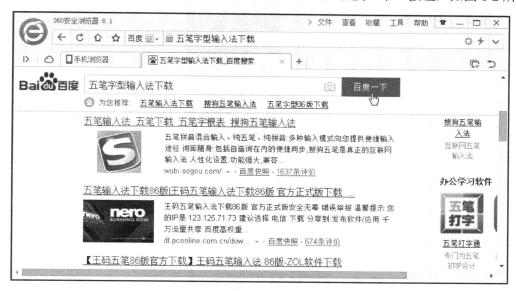

图 1-2　使用百度搜索引擎搜索五笔字型输入法

（3）在搜索结果页面中，单击合适的链接，进入下载页面。

1.3　安装王码五笔字型输入法

（1）执行五笔字型输入法的安装程序，屏幕出现王码五笔字型输入法安装程序窗口，选中"我同意此协议"选项后单击"下一步"按钮，如图 1-3 所示。

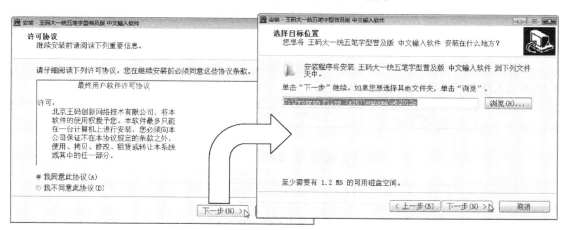

图 1-3　安装王码五笔字型输入法

（2）在"选择目标位置"窗口中，单击"浏览"按钮选择安装的位置，也可以使用默认的安装位置，然后单击"下一步"按钮。

（3）在"准备安装"窗口中，再次确认安装选项，可以单击"上一步"按钮返回进行修改，最后单击"安装"按钮开始安装，如图 1-4 所示。

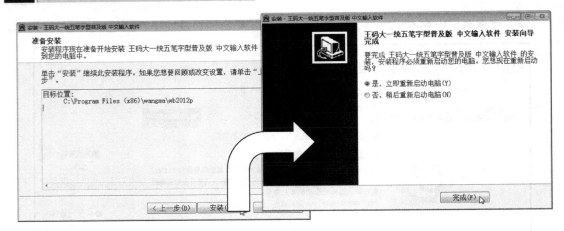

图 1-4　完成安装

（4）经过片刻的安装过程即可完成安装，单击"完成"按钮。

1.4　调用五笔字型输入法

　　安装完毕后，单击 Windows 任务栏中的输入法图标，将弹出输入法列表，如图 1-5 所示，可以看到列表中已经安装的输入法。要选择哪一种输入法，只需用鼠标左键单击该选项即可。

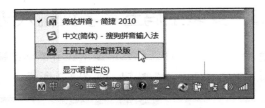

图 1-5　输入法列表

　　在输入法列表中单击"王码五笔字型普及版"，即可启动五笔字型输入法，屏幕上也会出现该输入法的状态窗口，如图 1-6 所示。

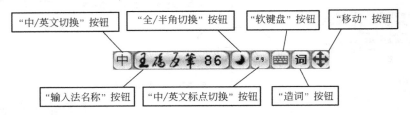

图 1-6　王码五笔型输入法状态窗口

　　在输入法状态窗口上有 7 个功能按钮，即"中/英文切换"按钮、"输入法名称"按钮、"全/半角切换"按钮、"中/英文标点切换"按钮、"软键盘"按钮、"造词"按钮、"移动"按钮，可根据需要使用。

1."中/英文切换"按钮

　　单击输入法状态窗口中的"中/英 文切换"按钮，可以在中文和英文之间进行切换，按

"Shift"键也可以实现这一功能。

此外，如果想切换中/英文状态，还可以单击任务栏中的输入法图标，在输入法列表中选择英文或中文输入法。

2．"输入法名称"按钮

在 Windows 中，经常含有自身携带的输入法方式，用户也可以安装其他自己习惯使用的输入法。例如，搜狗输入法、微软双拼输入法等，可以在 Windows 任务栏中单击输入法图标，在输入法列表选择其他中文输入法。

3．"全/半角切换"按钮

单击输入法状态窗口中的"全/半角切换"按钮，可在全角和半角之间进行切换，按"Shift+空格键"也可实现这一功能。

4．"中/英文标点切换"按钮

用鼠标单击输入法状态窗口中的"中/英文标点切换"按钮，可在中文标点和英文标点之间进行切换，也可以使用"Ctrl+."键进行切换。

5．"软键盘"按钮

Windows 提供了 13 种软键盘布局，即 PC 键盘、希腊字母、俄文字母、注音符号、拼音、日文平假名、日文片假名、标点符号、数字序号、数学符号、单位符号、制表符和特殊符号。

（1）打开软键盘

用鼠标右键单击"软键盘"按钮，即可弹出软键盘菜单，如图 1-7 所示。

图 1-7　开启软键盘

选择一种软键盘，例如选择"PC 键盘"，屏幕上就会显示出该软键盘中所包含的全部符号。单击所需要的符号，则将该符号输入到文档中。

（2）关闭软键盘

如果要关闭软键盘，可用鼠标左键单击"软键盘"按钮。

6．"造词"按钮

单击"造词"按钮，进入造词状态，可以根据自己的需要进行自造词，以创建自己常用的人名、地名等词库中没有的词，以方便自己快速输入。

7．"移动"按钮

用鼠标拖动"移动"按钮，可以将输入法状态栏拖放到屏幕的其他地方。

1.5　设置五笔字型输入法属性

大多数输入法都可以设置它的使用功能。例如，常用的设置项目有光标跟随、逐渐提示、词语联想等项目。用户可以根据自己的需要设置这些功能项目。

1．打开"王码大一统属性设置"窗口

常用下面2种方法打开"王码大一统属性设置"窗口。

（1）用鼠标右键单击五笔字型输入法状态栏上的"输入法名称"按钮，在快捷菜单中单击"设置"命令，打开"王码大一统属性设置"窗口，如图1-8所示。

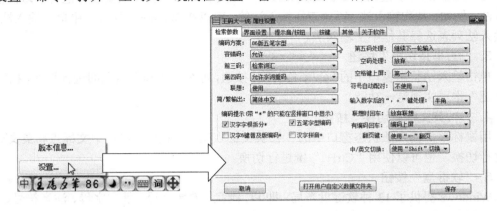

图1-8　五笔字型输入法状态栏上的快捷菜单

（2）用鼠标右键单击语言栏菜单，在快捷菜单中选择"设置"命令，屏幕上将弹出"文本服务和输入语言"对话框，单击"常规"选项卡，在"已安装的服务"栏中单击要设置属性的输入法，如"王码五笔字型普及版"，然后单击"属性"按钮，也会弹出"王码大一统属性设置"窗口，如图1-9所示。

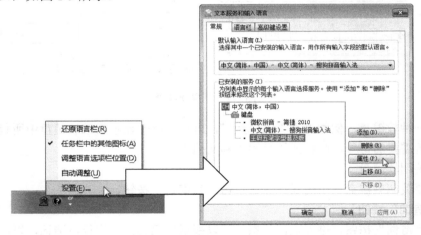

图1-9　语言栏菜单上的快捷菜单

2．"检索参数"选项卡

在"检索参数"选项卡中，在"编码方案"下拉列表中可以选择使用"86版五笔字型"、"98版五笔字型"、"新世纪版五笔字型"，如图1-10所示。

在"联想"下拉列表中，可以选择"使用"或"不使用"联想功能。选择"使用"，表示允许词语联想；否则表示取消联想。

在"前三码"下拉列表中，如果选中"检索词汇"项，表示允许字词混合输入；如果选

中"不检索词汇"项，表示取消词语输入。

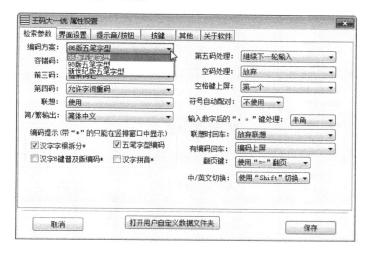

图1-10 选用五笔字型编码方案的不同版本

3．"界面设置"选项卡

在如图1-11所示"界面设置"选项卡中，在"编码窗口"下拉列表中，如果选中"光标跟随"选项，表示词语选择框随插入点光标一起移动；如果选中"固定位置"选项，则词语选择框不随光标移动，此时用户可以将词语选择框拖到屏幕上比较合适的位置，以便输入文字。

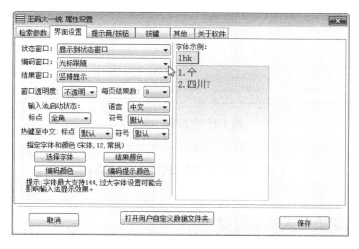

图1-11 "界面设置"选项卡

4．"提示音/按钮"选项卡

在"提示音/按钮"选项卡中，如图1-12所示，可以对重码或空码时是否有提示音进行设置，另外，还可以设置状态栏和语言栏的显示内容和显示方式。

5．"按键"选项卡

在如图1-13所示"按键"选项卡中，可以设置切换到86版、98版、新世纪版五笔字型输入法的快捷键等。

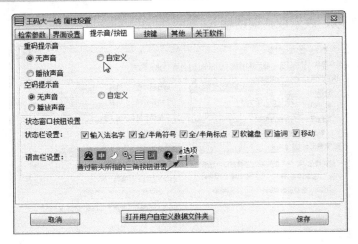

图 1-12 "提示音/按钮"选项卡

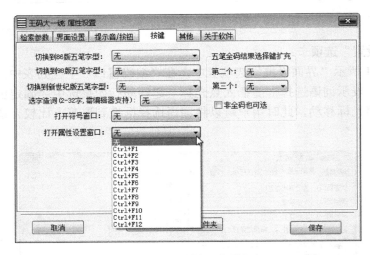

图 1-13 "按键"选项卡

1.6 输入法的基本操作

1.6.1 设置切换输入法快捷键

输入法的切换是指从一种输入法转换到另一种输入法，如从"王码五笔型输入法"转换到"搜狗输入法"。系统默认的输入法切换快捷键为"Ctrl+Shift"组合键，按下该组合键，即可在各种输入法间切换。

用户也可以自定义输入法切换快捷键，具体操作步骤如下：

（1）用鼠标右键单击语言栏菜单，在弹出的快捷菜单中选择"设置"命令，屏幕上将弹出"文本服务和输入语言"对话框。

（2）在"高级键设置"选项卡中，在"输入语言的热键"列表中选中"在输入语言之间"选项，如图 1-14 所示。

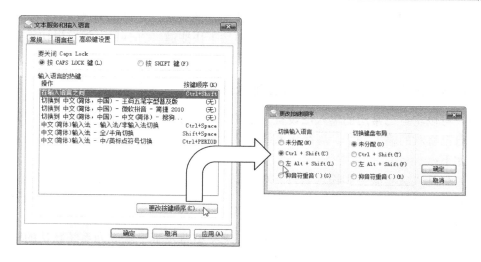

图 1-14 更改切换输入法的快捷键

（3）单击"更改按键顺序"按钮，屏幕上将弹出"更改按键顺序"对话框，在这里可进行快捷键的设置。

1.6.2 快速调用输入法

在输入汉字的过程中，从一种输入法切换到想要的另一种输入法，可能需要按数次"Ctrl+Shift"组合键来进行切换。其实，只需为想用的输入法设置一个快捷键，就可以达到快速调出输入法的目的。具体操作如下：

（1）在"文本服务和输入语言"对话框中，选择"高级键设置"选项卡。

（2）在"输入语言的热键"列表中，选中想要设置快捷键的输入法，如"王码五笔字型普及版"，如图 1-15 所示。

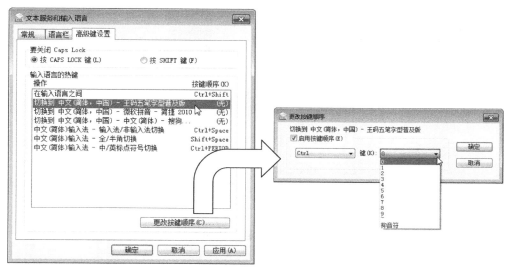

图 1-15 设置快速调用输入法快捷键

（3）单击"更改按键顺序"按钮，屏幕上将弹出"更改按键顺序"对话框。

（4）选中"启用按键顺序"项，并进行快捷键的设置，如设置为"Ctrl+1"。

（5）单击"确定"按钮，这样，以后只要按下快捷键"Ctrl+1"，就可以切换到"王码五笔字型普及版"了。

1.6.3 设置系统启动后默认的输入法

用户可以将自己常用的输入法设置为系统默认的输入法，这样开机后不用任何操作就可以使用自己喜欢的输入法了。现在将系统默认的输入法改为"王码五笔型输入法86版"，具体操作如下：

（1）打开"文本服务和输入语言"对话框，选中"常规"选项卡。

（2）从"默认输入语言"下拉列表框中，选中"中文（简体，中国）—王码五笔字型普及版"，如图1-16所示。

（3）单击"确定"按钮。这样，"王码五笔字型普及版"就成为系统默认的输入法了。以后，只要一打开计算机，系统就会自动转到"王码五笔字型普及版"。

1.6.4 删除输入法

对于一些长期不用的输入法会消耗系统的内存，浪费系统资源，应将其卸载。对于已经卸载的输入法，如果下次想再次使用，重新安装即可。

具体操作步骤如下：

（1）打开"文字服务和输入语言"对话框，选中"常规"选项卡。

（2）在"已安装的服务"列表中，选中要删除的输入法，如"微软拼音—简捷2010"项，如图1-17所示。

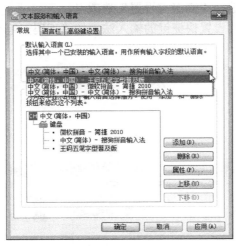
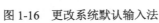

图1-16　更改系统默认输入法

图1-17　删除输入法

（3）单击"删除"按钮，然后再单击"确定"按钮完成删除。

第 2 章

键盘操作与指法训练

在使用计算机时经常需要通过键盘输入大量的数据，为提高输入速度，必须进行专门的指法训练。在进行指法训练前，首先要了解键盘上的键位分布情况，并按照正确的指法进行操作，以便逐步实现盲打，提高数据录入效率。

2.1 键盘的构成

键盘是向计算机输入数据的最主要设备，各种程序和数据都可以通过键盘输入到计算机中。

键盘由一组排列成阵列的按键组成。目前最常见的键盘有 104 键和 107 键，后者比前者多了 Power、Sleep、Wake up 三个功能键。

下面如图 2-1 所示的以 104 键键盘为例，介绍键盘的组成部分及各部分的功能。

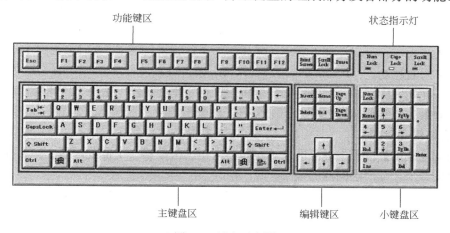

图 2-1 键盘示意图

键盘上键位的排列有一定的规律。其键位按用途可分为主键盘区、功能键区、编辑键区和小键盘区。

2.1.1 主键盘区

主键盘区位于键盘中央偏左的大片区域，是使用键盘的主要区域，如图 2-2 所示，各种字母、数字、符号以及汉字等信息都是通过操作该区的键输入计算机的。当然，数字及运算符也可以通过小键盘输入。

图 2-2　主键盘区

1. 字母键

标准计算机键盘共有 26 个字母键。这 26 个字母键的排列位置是根据其使用频率安排的，使用频率较高的键放在中间，而使用频率较低的放在两侧，这种安排方式与人们手指的击键灵活性有关。食指、中指的灵活性和力度好，击键速度也相应较快，所以食指和中指负责的字母键是使用频率最高的。

在字母键位上，每个键可输入大小写两种字母，大小写的转换用上档键【Shift】或【Caps Lock】来实现。【Shift】键左右各一个，用于大小写字母的临时转换。

2. 数字键与符号键

数字键位于字母键的上方。每个键面上都有上下两种符号，也称双字符键，上面的符号称为上档符号（如@、#、$、%、^、&、*等），下面的符号称为下档符号，包括数字、运算符号（如-、=、\等）。通过【Shift】键可以进行转换。

另外，在输入汉字时，数字键还常常用于重码的选择。

3. 空格键

空格键位于标准字符键的最下方，是一个空白长条键。当输入的位置需要空白时，可用空白字符代替，每击一下该键，便产生一个空格。

在插入状态下，如果光标上有字，不管是一个还是右边一串，都一起向右移，可以用它来使该行字向右移动。

另外，在输入中文时，如果提示行中出现了多个字或词组，击一个空格键，就表示要选用提示行的第一个字或词组。

4. 上档键【Shift】

上档键【Shift】位于主键盘区左下角和右下角的倒数第二个位置，两个键实际上等于一个，无论按哪个，都产生同样的效果。

上档键主要用于辅助输入上档字符。在输入上档字符时，先按住上档键不放，然后再击打上档字符键位。

例如，如果要输入数字 2，直接击数字键 2 即可；如果要输入字符"@"，则需先按下【Shift】键，再击打数字键 2，这时字符"@"就出现在文档中了。又如，如果要输入小写字母 a，一般情况下直接击打"a"键即可；如果要输入大写字母 A，则需先按下【Shift】键，再击打字母键"a"，这时大写字母"A"就出现在文档中了。

5. 回车键【Enter】

回车键【Enter】位于标准字符键区的右侧。一般情况下，当用户向计算机输入命令后，计算机并不马上执行，直到按下回车键后才去执行，所以也称为执行键。在输入信息、资料时，按此键光标将转换到下一行开始位置，所以又称为回车键、换行键。不管是执行，还是换行、回车，口语中统称为回车。当说到"回车"时，表示就是击一下该键。

计算机上的任何输入，如发一个命令、输入一个标题或输入文章中的一个自然段等，结束时都需要输入回车键，以表明命令行、标题或一个自然段的结束。

6．退格键【←】/【Backspace】

退格键【←】/【Backspace】位于标准字符键的右上角。击打该键一次，屏幕上的光标在现有位置退回一格（一格为一个字符位置），并抹去退回的那一格内容（一个字符），相当于删去刚输入的字符。

7．控制键【Ctrl】

控制键【Ctrl】位于标准字符键区的左下角和右下角，两边各一个，作用相同。此键与其他键位组合在一起操作，起到某种控制作用。这种组合键称为组合控制键。

8．转换键【Alt】

转换键【Alt】位于空格键的两侧，主要用于组合转换键的定义与操作。该键的操作与【Shift】键、【Ctrl】键类似，必须按住不放，再击打其他键位时才起作用，单独使用没有意义。

2.1.2　功能键区

功能键区位于键盘的最上一行，如图 2-3 所示。功能键又分为操作功能键和控制功能键。

图 2-3　功能键区

1．操作功能键

操作功能键为【F1】～【F12】。操作功能键区的每个键位具体表示什么操作都由应用程序而定，不同的程序可以对它们有不同的操作功能定义。

2．退出键【Esc】

退出键【Esc】位于键盘左上角第一个位置，主要作用是取消指令。有时用户输入指令后又觉得不需要执行，击一下该键，就可以取消该操作。

3．控制功能键（简称控制键）

控制功能键排列在键盘的右上角。通过对这些键位的操作来产生某种控制作用。这里仅介绍常用的两种控制键。

【Print Screen】键（屏幕打印控制键）：在 Windows 下，按【Print Screen】键将整个屏幕内容复制到剪贴板，按【Alt+Print Screen】组合键将活动窗口内容复制到剪贴板。

【Pause】键（暂停键）：击打一下该键，暂停程序的执行，需要继续往下执行时，可以击任意一个字符键。

2.1.3　编辑键区

编辑键主要是指在整个屏幕范围内，进行光标的移动操作和有关的编辑操作等，如图 2-4 所示。

1．光标移动操作键

各光标移动键的作用分别是：

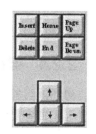

图 2-4　编辑键区

【↑】键：光标上移一行。

【↓】键：光标下移一行。

【→】键：光标左移一列。

【←】键：光标右移一列。

【Home】键：光标回到本行最左边开始的位置。

【End】键：光标移到本行最右边文字结束的位置。

【PgUp】键：使屏幕回到前一个画面，称为向前翻页键。

【PgDn】键：使屏幕翻到后一个画面，称为向后翻页键。

提示：

【Hsome】、【End】、【PgUp】、【PgDn】4个键的操作有时要根据具体软件的定义使用。

2. 编辑操作

插入键【Insert】和删除键【Delete】的作用如下。

【Insert】键：设置改写或插入状态。在插入状态时，一个字符被插入后，光标右侧的所有字符将右移一个字符的位置；改写状态时，用当前的字符代替光标处原有字符。

【Delete】键：删除光标位置的一个字符。一个字符被删除后，光标右侧的所有字符将左移1个字符的位置。

图2-5 小键盘区

2.1.4 小键盘区（数字/全屏幕操作键区）

小键盘区位于键盘的右侧，又叫数字键区，主要用于快速输入数字，如图2-5所示。

该键区的键多数分为上、下档。上档键是数字，下档键具有编辑和光标控制功能。

小键盘区的上下档转换是通过数字锁定键【Num Lock】进行的。当右上角的指示灯Num Lock亮时，表示小键盘的输入锁定在数字状态，输入为数字0～9和小数点"．"等；当需要小键盘输入为全屏幕操作键时，可以击打一下【Num Lock】键，即可以看见Num Lock指示灯灭，此时表示小键盘已处于全屏幕操作状态，输入为全屏幕操作键。运算符号"＋、－、*、/"不受上、下档转换的影响。

2.2 键盘操作

在进行键盘操作时，指法是熟练使用计算机的基础。所谓键盘操作指法，就是将打字键区所有键位合理地分配给双手各手指，使每个手指分工明确。正确的操作指法，不但能提高输入速度，而且可以提高输入质量。

2.2.1 键盘输入时的正确坐姿

初学键盘输入时，首先要注意击键的姿势，如果初学时姿势不当，就很难做到准确快速地输入，也容易造成疲劳。正确的坐姿，如图2-6所示。

图 2-6 键盘输入时的正确坐姿

 提示：

在键盘输入时，要注意以下几点：

（1）身体保持笔直、放松，稍偏于键盘右方，腰背不要弯曲。

（2）臀部尽量靠在坐椅后部，双膝平行，两脚平放在地面上，使全身的重心都落在椅子上。

（3）两肘轻松地靠在身体两侧，手腕平直，双手手指自然弯曲，轻放在规定的基本键位上。人与键盘的距离，可通过移动椅子或键盘的位置来调节，以人能保持正确的击键姿势为好。

（4）显示器放在键盘的正后方，输入原稿的前面，先将键盘右移 5cm，再将原稿紧靠键盘左侧放置，方便阅读。

2.2.2 基准键位

基准键位是键盘上第 3 排的 8 个键位（A、S、D、F、J、K、L 及 ;）。

键盘上的基准键位与手指的对应关系，如图 2-7 所示。

图 2-7 基准键位与手指的对应关系

将手指轻放在基准键上，会发现 F 键和 J 键上有两个小横线，它们是用来定位的。每次操作时，先将左右手的食指固定在这两个基准键上，其他手指顺序排开，这样可保证手指所放位置正确。

提示：

8个基准键位手指的对应关系，必须牢牢记住，切不可有半点差错，否则基准键不准，后患无穷。在基准键的基础上，对于其他字母、数字、符号都采用与8个基准的键位相对应的位置来记忆。

2.2.3 指法分工

每个键位均有固定的手指负责，从图2-8上的划分很容易弄清楚用哪个手指击哪些键位。

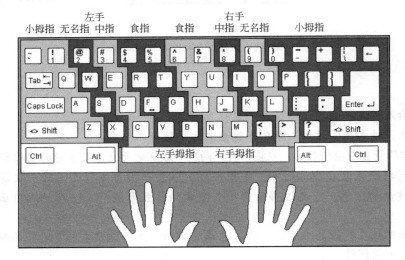

图2-8 键盘指法分区图

击键时，手指均从基准键位上伸出，击键完毕，手指必须返回到相应的基准键位上。打字时，必须按照手指的分工击键，否则，指法混乱会影响输入速度。

1．左手分工

小指规定所打的键位有：1、Q、A、Z。

无名指规定所打的键位有：2、W、S、X。

中指规定所打的键位有：3、E、D、C。

食指规定所打的键位有：4、R、F、V、5、T、G、B。

2．右手分工

小指规定所打的键位有：0、P、;、/。

无名指规定所打的键位有：9、O、L、.。

中指规定所打的键位有：8、I、K、,。

食指规定所打的键位有：7、U、J、M、6、Y、H、N。

3．大拇指

两只手的大拇指专击空格键。

4．键位的击法

（1）字键的击法

击键时，手腕要平直，手臂要保持静止，全部动作仅限于手指部分，上身其他部位不要接触工作台或键盘。手指要保持弯曲，稍微拱起，指尖后的第一关节微呈弧形，分别轻轻地放在键的中央。输入时，手抬起，只有要击键的手指才可伸出击键。击毕立即缩回，不可用触摸手法，也不可停留在已击的键上。输入过程中，要用相同的节拍轻轻地击键，不可用力过猛。

（2）空格的击法

需要输入空格时，将手从基准键上迅速垂直上抬 1～2cm，大拇指横着向下击打一下并立即回归，每击一次输入一个空格。

（3）换行键的击法

需要换行时，用右手小指击一次【Enter】，击后右手立即退回到原基准键位，在手回归过程中小指弯曲，以免把分号";"带入。

（4）上档字符的击法

若输入左手管辖的上档字符，则由右手小指按下【Shift】键，用左手规定的手指击打相应的上档字符；若输入右手管辖的上档字符，则由左手小指按下【Shift】键，用右手规定的手指击打相应的上档字符。

（5）控制键、转换键的击法

键盘打字区两侧的【Ctrl】、【Alt】键，分别由左右手的小指负责，这些键单独击打不产生任何符号。因此，需要时，用一只手的小指按住该键不放，另一只手再击打其他键位，完成组合击键后，返回基本键位。

2.3　指　法　训　练

指法训练主要是根据键盘上的字符键，以基准键为中心，从易到难分为若干组，每组一小节依次介绍。指法训练其实就是熟悉键位的过程，实践性很强，只有勤于动手才能掌握。其目的就是以基准键为中心，十指分工，包指到键，各负其责，准确而迅速地弹击每个键。

2.3.1　基准键（A、S、D、F、J、K、L、；键）

在键盘中的 A、S、D、F 和 J、K、L、；这 8 个键称为基准键位，如图 2-9 所示。

图 2-9　基准键位

基准键位是左右手指的固定位置，练习时，应按规定把手指分布在基准键上，有规律地练习每个手指的指法和键盘感。其中 F 和 J 键上有突起，将两手食指固定其上，大拇指放在空格键上。初练时，每个指头连击三次指下的基本键位。每次换击下一个键位前，用右手拇指击打一次空格键位，再换手指击打下一个基本键位。

提示：

输入 8 个基准键上的字符，要注意以下 3 个方面：

（1）在练习过程中，始终要保持正确的姿势。

（2）手指必须按规定位置放置，在非击键时刻，手的重力都分散于指下基准键上；击键时只用一个手指击键；练习过程中，禁止看键盘。

（3）由于所有键位都是用与基准键的相对位置来记忆的，每击一键后，立即回到基准键以便继续输入。这种方法要贯穿于键盘操作的始终。

输入下列字符，练习基准键的击打方法。

fff	fff	fff	jjj	jjj	jjj
ddd	ddd	ddd	kkk	kkk	kkk
sss	sss	sss	lll	lll	lll
aaa	aaa	aaa	;;;	;;;	;;;
ass	ass	ass	add	add	
aff	aff	aff	ffdd	ffdd	ffdd
ddssaa	dfdf	dfdf	dsad	dsaf	dsaf
jkk	jkk	jkk	jll	jll	jll
j;;	j;;	j;;	kkll	kkll	kkll
jkl;	jkl;	jkl;	;lkj	;lkj	;lkj
kl;j	kl;j	kl;j	l;jk	l;jk	l;jk
skdl	skdl	skdl	jfa;	jfa;	jfa;
klas	klas	klas	;las	;las	;las
aslkd	jfskl	skdfj	ssla	skla	Kdls
klds	ssk;	fsjk	ssad	kjdkl	kajs
;aldk	;kdll	laks	;ask	skja	dklfa
jksl;f	kksld;	kaskjf	jdkls	askdl	la;kd
laskdj	l;ajfd	aklsf	l;alsjf	lsa;jf	ksdla
akkdf	kfjksl	sjfjja	fjdksla;	dksla;f	asdfkl
kdslfjk	lskdlk	sdasl;	jksfja	jksld	asdfjkl;

2.3.2 G、H 键

G 和 H 两键位于 8 个基准键的中央，如图 2-10 所示。

根据键盘分区的规则，G 键由左手食指管制，H 键由右手食指管制。

输入 G 时，抬左手用原击 F 键的食指向右伸一个键位的距离击 G 键，击毕立即缩回。

输入 H 时，用原击 J 键的右手食指向左伸一个键位的距离击 H 键。

图 2-10　G、H 键

 输入下列字符，练习 G、H 键的击打方法。

gghh	gghh	gghh	hhgg	hhgg	hhgg
ggjj	ggjj	ggjj	hhff	hhff	hhff
ggkk	ggkk	ggkk	hhdd	hhdd	hhdd
ggll	ggll	ggll	hhss	hhss	hhss
gg;;	gg;;	gg;;	hhaa	hhaa	hhaa
asdfg	asdfg	asdfg	hjkl;	hjkl;	hjkl;
gkl;	gkl;	gkl;	hdsa	hdsa	hdsa
dhgk	dhgk	dhgk	kghd	kghd	kghd
aklsh	aklsh	aklsh	kljdg	kljdg	kljdg
shgdk	shgdk	shgdk	jhghk	jhghk	jhghk
sghd	ddhsah	khgsh	dghks	lhgsa	hsgls
hsggl	hhkdgs	hlslg	khsg	saghk	lhg;d
hsagh	shllg	ashlgs	dghlsg	ahgslg	sghsglk
Khdgad	Asghdl;	Aghlgk	Lshgss	Lsghslg	lsggha

2.3.3　E、R、T、Y、U、I 键

E、R、T、Y、U、I 键的位置如图 2-11 所示。

图 2-11　E、R、T、Y、U、I 键

E、I 两键的键位在第 3 排，根据键盘分区规则，输入 E 字符应由原击 D 键的左手中指去击 E 键。其指法是，左手竖直抬高 1～2cm，中指向前（微偏左方）伸出击 E 键。同样，

输入 I 字符时，由原击 K 键的右手中指用与左手同样的动作击 I 键。

R、T、U、Y 这 4 个键分布于键盘的基准键位的上端。

输入 R 时，用原击 F 键的左手食指向前（微偏左）伸出击 R 键，击毕立即缩回，放在基准键上。若该手指向前（微偏右）伸，就可击 T 键，输入 T。

输入 U 时，用原击 J 键的右手食指向前（微偏左）击 U 键。

输入 Y 时，右手食指要向 U 键的左方移动一个键位的距离。Y 键是 26 个英文字母中两个击键难度较大的按键之一，要反复多次练习。

 输入下列字符，练习 E、R、T、Y、U、I 键的击打方法。

eerrtt	Eerrtt	eerrtt	yyuuii	yyuuii	yyuuii
rreett	rreett	rreett	uuyyii	uuyyii	uuyyii
ttrree	ttrree	ttrree	iiuuyy	iiuuyy	iiuuyy
eeuuii	eeuuii	eeuuii	iirrtt	iirrtt	iirrtt
eettuu	eettuu	eettuu	uuttrr	uuttrr	uuttrr
rryyii	rryyii	rryyii	uueerr	uueerr	uueerr
ttuuyy	ttuuyy	ttuuyy	yyrree	yyrree	yyrree
rriiuu	rriiuu	rriiuu	yyeett	yyeett	yyeett
ertyui	ertyui	ertyui	yuiert	yuiert	yuiert
iuytr	iuytr	iuytr	ertui	ertui	ertui
sdgh	sdgh	sdgh	lkhu	lkhu	lkhu
asyt	asyt	asyt	jklu	jklu	jklu
yahr	yahr	yahr	uyrd	uyrd	uyrd
rkah	rkah	rkah	irhk	irhk	irhk
rtys	rtys	rtys	kehj	kehj	kehj
ushe	ushe	ushe	ekhs	ekhs	ekhs
iusr	iusr	iusr	iukd	iukd	iukd
ahyru	yshk	klrt	uehs	eutg	syghe
adhyte	shyre	shyrei	ksuyk	dhlyr	liuey
idhgy	ieryls	yiuer	luyer	hdgry	ykyshr

2.3.4 Q、W、O、P 键

Q、W、O、P 键位于键盘的左上部和右上部，如图 2-12 所示。

图 2-12 Q、W、O、P 键

输入 W 时，抬左手，用原击 S 键的无名指向前（微偏左）伸出击 W 键；输入 Q 时，改用小指击 Q 键即可。

输入 O 时，抬右手，用原击 L 键的无名指向前（微偏左）伸出击 O 键；输入 P 时，改用小指击 P 键即可。

 提示：

小指击键准确度差，回归基准键时容易发生错误。

 输入下列字符，练习 Q、W、O、P 键的击打方法。

qqww	qqww	qqww	oopp	oopp	oopp
wwoo	wwoo	wwoo	ppqq	ppqq	ppqq
qqpp	qqpp	qqpp	ppww	ppww	ppww
wwpp	wwpp	wwpp	ooww	ooww	ooww
quit	quit	quit	word	word	word
pore	pore	pore	past	past	past
wart	wart	wart	germ	germ	germ
good	good	good	seat	seat	seat
opts	opts	opts	gets	gets	gets
hart	hart	hart	kook	kook	kook
lout	lout	lout	dope	dope	dope
wood	wood	wood	what	what	what
other	other	other	pear	pear	pear
putt	putt	putt	eras	eras	eras
pats	pats	pats	quite	quite	quite
point	point	point	wider	wider	wider
quote	quote	quote	whine	whine	whine
peas	peas	peas	poet	poet	poet
power	power	power	qwerty	qwerty	qwerty
operas	operas	operas	quote	quote	quote

2.3.5　V、B、N、M 键

V、B、N、M 键位于标准键的下面一排偏右，按指法分区，分别属于两手的食指管制，如图 2-13 所示。

输入 V 时，用原击 F 键的左手食指向内（微偏右）屈伸击 V 键；输入 B 时，左手食指比输入 V 时向右移一键位的距离，击 B 键。

输入 M 时，用右手原击 J 键的食指向内（微偏右）屈伸击 M 键。输入 N 时右手食指向内（微偏左）屈伸击 N 键。

图 2-13　V、B、N、M 键

 提示：

B 键较难击准，击后向基准键回归也较难控制，因此，在做练习之前，应先熟悉键位。

 输入下列字符，练习 V、B、N、M 键的击打方法。

vvbb	vvbb	vvbb	nnmm	nnmm	nnmm
bbnn	bbnn	bbnn	nnvv	nnvv	nnvv
bbmm	bbmm	bbmm	mmvv	mmvv	mmvv
vvmm	vvmm	vvmm	mmbb	mmbb	mmbb
veer	veer	veer	bout	bout	bout
nard	nard	nard	moot	moot	moot
body	body	body	ovum	ovum	ovum
over	over	over	vita	vita	vita
vest	vest	vest	note	note	note
mare	mare	mare	near	near	near
bight	bight	bight	velar	velar	velar
seem	seem	seem	seam	seam	seam
tour	tour	tour	kind	kind	kind
team	team	team	noon	noon	noon
turbo	turbo	turbo	vine	vine	vine
opine	opine	opine	font	font	font
glean	glean	glean	quant	quant	quant
wined	wined	wined	blonde	blonde	blonde
point	point	point	moon	moon	moon
laden	laden	laden	boomers	boomers	boomers

2.3.6　Z、X、C 键

Z、X、C 键如图 2-14 所示，这 3 个键是操作中极易击错的键位，需反复练习。
这 3 个键的位置位于标准键下面一排偏左。

图 2-14　Z、X、C 键

由键盘分区可知，输入 C 时，用原击 D 键的左手中指向手心方向（微偏右）屈伸击 C 键。

输入 X 和 Z 键时的手法、方向和距离与输入 C 键时相同。其差别是：输入 X 用左手无名指击 X 键；输入 Z 键时，用左手小指击 Z 键。

　输入下列字符，练习 Z、X、C 键的击打方法。

ZZXX	ZZXX	ZZXX	ZZCC	ZZCC	ZZCC
XXCC	XXCC	XXCC	XXZZ	XXZZ	XXZZ
CCZZ	CCZZ	CCZZ	CCXX	CCXX	CCXX
zone	zone	zone	zeal	zeal	zeal
cool	cool	cool	zoon	zoon	zoon
clod	clod	clod	crag	crag	crag
box	box	box	cage	cage	cage
tax	tax	tax	pox	pox	pox
cough	cough	cough	refax	refax	refax
expel	expel	expel	expect	expect	expect
taxi	taxi	taxi	taxed	taxed	taxed
zeta	zeta	zeta	apex	apex	apex
lick	lick	lick	text	text	text
ooze	ooze	ooze	cider	cider	cider
next	next	next	vicar	vicar	vicar
azoth	azoth	azoth	booze	booze	booze
zooms	zooms	zooms	hicks	hicks	hicks
snooze	snooze	snooze	oversize	oversize	oversize
mocha	mocha	mocha	quizzes	quizzes	quizzes
winze	winze	winze	decant	decant	decant

2.3.7　符号键

键盘上还有一些字符，如 +、-、*、/、（、）、#、$、!、%、&等，这些字符的输入也必须按照它们各自的分区，用相应的手指按规则击键输入，只要熟悉了字母键和符号的击键方法，字符的输入也就很简单了。

在输入符号时，需用【Shift】键适当配合，该键由小指控制。

● 输入由右手管制的符号时，先用左手小指按左侧【Shift】键，再用右手手指击相应的符号键，击毕两手缩回。

● 输入由左手管制的符号时，则需右手小指按右侧【Shift】键，再由左手手指击相应的符号键。

输入下列字符，练习符号键的击打方法。

!! @@	!! @@	!! @@	##$$	##$$	##$$
%%^^	%%^^	%%^^	&&**	&&**	&&**
()	()	()	_+_+	_+_+	_+_+
(@@@)	(@@@)	(@@@)	*%%%*	*%%%*	*%%%*
^&&&^	^&&&^	^&&&^	$^^^$	$^^^$	$^^^$
@!!!@	@!!!@	@!!!@	#+++#	#+++#	#+++#
)%%%)	)%%%)	)%%%)	^###^	^###^	^###^
$$$	*$$$*	*$$$*	@***@	@***@	@***@
_	*_*	*_*	:):)	:):)	:):)
:(:(	:(:(	:(:(	(*_*)	(*_*)	(*_*)
&*_*&	&*_*&	&*_*&	(!_!)	(!_!)	(!_!)
!@#$%	!@#$%	!@#$%	^&*()	^&*()	^&*()
*#(!	*#(!	*#(!	@)*!	@)*!	@)*!
&^#@	&^#@	&^#@	(*&)	(*&)	(*&)
_&*%	_&*%	_&*%	+)$!^	+)$!^	+)$!^
<*_*>	<*_*>	<*_*>	(?_?)	(?_?)	(?_?)
;_$^$_;	;_$^$_;	;_$^$_;	{^^##}	{^^##}	{^^##}
ABCD	ABCD	ABCD	EFGH	EFGH	EFGH
afafFhH	afafFhH	afafFhH	kZUW	kZUW	kZUW

2.3.8　数字键

数字位于键盘上标准键盘区的最上端，如图 2-15 所示。

图 2-15　数字键

由键盘分区各手指的分管范围可知，左起各手指与各数字键之间的排列除左手食指分管4、5；右手食指分管6、7各两个数字键外，其余依次呈一一对应关系。

击数字键的指法，按不同的使用场合分为两种。

1．直接击键输入

该方法用于某段程序中的纯数字输入和由纯数字编码的汉字输入。在输入时，两手手指可直接放在数字键上，击键方式和击基准键的手法一样。输入数字5、6时，也和输入英文字母G、H的指法相同。

2．普通击键输入

在计算机键盘输入中，原稿如果是数字、字母相间的场合。必须掌握基础练习中一贯采用的从基准键出发，击键后再返回基准键上的方法。然后，按键盘分区的手指管制范围，遇到数字时，手指向第4排数字键伸击。

输入下列字符，练习数字键的击打方法。

1111	1111	1111	2222	2222	2222
3333	3333	3333	4444	4444	4444
5555	5555	5555	6666	6666	6666
7777	7777	7777	8888	8888	8888
9999	9999	9999	0000	0000	0000
1234	1234	1234	5678	5678	5678
9012	9012	9012	3456	3456	3456
7890	7890	7890	9348	9348	9348
2580	2580	2580	9138	9138	9138
7230	7230	7230	3481	3481	3481
a1a1	a1a1	a1a1	s2s2	s2s2	s2s2
d3d3	d3d3	d3d3	f4f4	f4f4	f4f4
g5g5	g5g5	g5g5	h6h6	h6h6	h6h6
j7j7	j7j7	j7j7	k8k8	k8k8	k8k8
l9l9	l9l9	l9l9	;0;0	;0;0	;0;0
h8e3	h8e3	h8e3	k0m2	k0m2	k0m2
i29n	i29n	i29n	l38c	l38c	l38c
5bz9	5bz9	5bz9	m1s0	m1s0	m1s0

2.4　指法综合练习

至此，已经详细讲述了键盘指法。下面将进行英文字母的综合指法练习，练习时，切记手指一定要按照要求分布在基准键的相应键位上。对于基准键以外的其他键，击打完后，应立即回到基准键的键位上，这是对初学者的最基本要求，其目的是经过多次的严格训练后，使初学者能够正确和熟练地掌握好基准键和其他各键范围的距离和位置。

2.4.1　左手基准键混合练习

输入下列字符，练习左手手指击键的准确性和灵活性。

asdfg	asdfg	asdfg	asdfg	asdfg	asdfg
sadfg	sadfg	sadfg	sadfg	sadfg	sadfg
fasdg	fasdg	fasdg	fasdg	fasdg	fasdg
gfdsa	gfdsa	gfdsa	gfdsa	gfdsa	gfdsa
fgdsa	fgdsa	fgdsa	fgdsa	fgdsa	fgdsa
agdsf	agdsf	agdsf	agdsf	agdsf	agdsf
sgdaf	sgdaf	sgdaf	sgdaf	sgdaf	sgdaf
afsdg	afsdg	afsdg	afsdg	afsdg	afsdg
dasfg	dasfg	dasfg	dasfg	dasfg	dasfg
dfgsa	dfgsa	dfgsa	dfgsa	dfgsa	dfgsa
gdsfa	gdsfa	gdsfa	gdsfa	gdsfa	gdsfa
gfasd	gfasd	gfasd	gfasd	gfasd	gfasd

2.4.2　右手基准键混合练习

输入下列字符，练习右手手指击键的准确性和灵活性。

hjkl;	hjkl;	hjkl;	hjkl;	hjkl;	hjkl;
jhkl;	jhkl;	jhkl;	jhkl;	jhkl;	jhkl;
kl;hk	kl;hk	kl;hk	kl;hk	kl;hk	kl;hk
khj;l	khj;l	khj;l	khj;l	khj;l	khj;l
jkh;l	jkh;l	jkh;l	jkh;l	jkh;l	jkh;l
;lkjh	;lkjh	;lkjh	;lkjh	;lkjh	;lkjh
;hkjl	;hkjl	;hkjl	;hkjl	;hkjl	;hkjl
l;kjh	l;kjh	l;kjh	l;kjh	l;kjh	l;kjh
lk;hj	lk;hj	lk;hj	lk;hj	lk;hj	lk;hj
h;lkj	h;lkj	h;lkj	h;lkj	h;lkj	h;lkj
jk;lh	jk;lh	jk;lh	jk;lh	jk;lh	jk;lh
h;ljk	h;ljk	h;ljk	h;ljk	h;ljk	h;ljk

2.4.3　基准键和 Shift 键混合练习

1. 左手练习

输入下列字符，练习左手手指与 Shift 键的配合度。

Asdfg	Asdfg	Asdfg	Asdfg	Asdfg	Asdfg
Sadfg	Sadfg	Sadfg	Sadfg	Sadfg	Sadfg
Fasdg	Fasdg	Fasdg	Fasdg	Fasdg	Fasdg
Gfdsa	Gfdsa	Gfdsa	Gfdsa	Gfdsa	Gfdsa
Fgdsa	Fgdsa	Fgdsa	Fgdsa	Fgdsa	Fgdsa
Agdsf	Agdsf	Agdsf	Agdsf	Agdsf	Agdsf
Sgdaf	Sgdaf	Sgdaf	Sgdaf	Sgdaf	Sgdaf
Afsdg	Afsdg	Afsdg	Afsdg	Afsdg	Afsdg
Dasfg	Dasfg	Dasfg	Dasfg	Dasfg	Dasfg
Dfgsa	Dfgsa	Dfgsa	Dfgsa	Dfgsa	Dfgsa
Gdsfa	Gdsfa	Gdsfa	Gdsfa	Gdsfa	Gdsfa
Gfasd	Gfasd	Gfasd	Gfasd	Gfasd	Gfasd

2. 右手练习

输入下列字符，练习右手手指与 Shift 键的配合度。

Hjkl;	Hjkl;	Hjkl;	Hjkl;	Hjkl;	Hjkl;
Jhkl;	Jhkl;	Jhkl;	Jhkl;	Jhkl;	Jhkl;
Kl;Hk	Kl;Hk	Kl;Hk	Kl;Hk	Kl;Hk	Kl;Hk
Khj;L	Khj;L	Khj;L	Khj;L	Khj;L	Khj;L
Jkh;L	Jkh;L	Jkh;L	Jkh;L	Jkh;L	Jkh;L
;Lkjh	;Lkjh	;Lkjh	;Lkjh	;Lkjh	;Lkjh
;Hkjl	;Hkjl	;Hkjl	;Hkjl	;Hkjl	;Hkjl
L;Kjh	L;Kjh	L;Kjh	L;Kjh	L;Kjh	L;Kjh
Lk;Hj	Lk;Hj	Lk;Hj	Lk;Hj	Lk;Hj	Lk;Hj
H;Lkj	H;Lkj	H;Lkj	H;Lkj	H;Lkj	H;Lkj
Jk;Lh	Jk;Lh	Jk;Lh	Jk;Lh	Jk;Lh	Jk;Lh
H;Ljk	H;Ljk	H;Ljk	H;Ljk	H;Ljk	H;Ljk

2.4.4　基准键混合拼写练习

输入下列字符，练习左手手指和右手手指的灵活性，以及与 Shift 键的配合度。

Akhds	Akhds	Akhds	Akhds	Akhds	Akhds
Lkdsh	Lkdsh	Lkdsh	Lkdsh	Lkdsh	Lkdsh
Kshaj	Kshaj	Kshaj	Kshaj	Kshaj	Kshaj
L;Sak	L;Sak	L;Sak	L;Sak	L;Sak	L;Sak
Hdaks	Hdaks	Hdaks	Hdaks	Hdaks	Hdaks
Jgdsa	Jgdsa	Jgdsa	Jgdsa	Jgdsa	Jgdsa
Dkjgh	Dkjgh	Dkjgh	Dkjgh	Dkjgh	Dkjgh
Hgkds	Hgkds	Hgkds	Hgkds	Hgkds	Hgkds
Kahdg	Kahdg	Kahdg	Kahdg	Kahdg	Kahdg
Skfga	Skfga	Skfga	Skfga	Skfga	Skfga
Lk;Sg	Lk;Sg	Lk;Sg	Lk;Sg	Lk;Sg	Lk;Sg
Dakhg	Dakhg	Dakhg	Dakhg	Dakhg	Dakhg

2.4.5　数字键盘综合练习

输入下列字符，练习数字键盘的使用。

01234	01234	01234	01234	01234	01234
56789	56789	56789	56789	56789	56789
14785	14785	14785	14785	14785	14785
52369	52369	52369	52369	52369	52369
0257.	0257.	0257.	0257.	0257.	0257.
34208	34208	34208	34208	34208	34208
942.3	942.3	942.3	942.3	942.3	942.3
67954	67954	67954	67954	67954	67954
1+2+3	1+2+3	1+2+3	1+2+3	1+2+3	1+2+3
8/2*3	8/2*3	8/2*3	8/2*3	8/2*3	8/2*3
-8953	-8953	-8953	-8953	-8953	-8953
10^2	10^2	10^2	10^2	10^2	10^2

2.4.6 上排键练习

输入下列字符，练习基准键与上排键间的距离和键位的角度。

yuioe	yuioe	yuioe	yuioe	yuioe	yuioe
uoipr	uoipr	uoipr	uoipr	uoipr	uoipr
qwery	qwery	qwery	qwery	qwery	qwery
wureq	wureq	wureq	wureq	wureq	wureq
yuret	yuret	yuret	yuret	yuret	yuret
reqwo	reqwo	reqwo	reqwo	reqwo	reqwo
poerq	poerq	poerq	poerq	poerq	poerq
ytrow	ytrow	ytrow	ytrow	ytrow	ytrow
tyoiw	tyoiw	tyoiw	tyoiw	tyoiw	tyoiw
jukil	Jukil	jukil	jukil	jukil	jukil
q;auer	q;auer	q;auer	q;auer	q;auer	q;auer
ghweo	ghweo	ghweo	ghweo	ghweo	ghweo
kotws	kotws	kotws	kotws	kotws	kotws
ghwei	ghwei	ghwei	ghwei	ghwei	ghwei
dkepe	dkepe	dkepe	dkepe	dkepe	dkepe
yhlq;	yhlq;	yhlq;	yhlq;	yhlq;	yhlq;
rdwlo	rdwlo	rdwlo	rdwlo	rdwlo	rdwlo

2.4.7 下排键练习

输入下列字符，练习基准键与下排键间的距离和键位的角度。

bnmcx	bnmcx	bnmcx	bnmcx	bnmcx	bnmcx
mnzxc	mnzxc	mnzxc	mnzxc	mnzxc	mnzxc
cvm,./	cvm,./	cvm,./	cvm,./	cvm,./	cvm,./
vcnzx	vcnzx	vcnzx	vcnzx	vcnzx	vcnzx
nbvmc	nbvmc	nbvmc	nbvmc	nbvmc	nbvmc
xbzmn	xbzmn	xbzmn	xbzmn	xbzmn	xbzmn
zmnbx	zmnbx	zmnbx	zmnbx	zmnbx	zmnbx
bzxvm	bzxvm	bzxvm	bzxvm	bzxvm	bzxvm
ghzm;	ghzm;	ghzm;	ghzm;	ghzm;	ghzm;
mhasl	mhasl	mhasl	mhasl	mhasl	mhasl
Cn/sa	Cn/sa	Cn/sa	Cn/sa	Cn/sa	Cn/sa
zxdb	zxdb	zxdb	zxdb	zxdb	zxdb
Bmh/,	Bmh/,	Bmh/,	Bmh/,	Bmh/,	Bmh/,

续表

jmk,l	jmk,l	jmk,l	jmk,l	jmk,l	jmk,l
Gb;cs	Gb;cs	Gb;cs	Gb;cs	Gb;cs	Gb;cs
szacf	szacf	szacf	szacf	szacf	szacf
jnkmh	jnkmh	jnkmh	jnkmh	jnkmh	jnkmh

2.4.8　综合练习

输入下列字符，练习各键位击键的准确性。

oopp	oopp	oopp	kkzz	kkzz	kkzz
eemm	eemm	eemm	ttbb	ttbb	ttbb
jidz	jidz	jidz	dume	dume	dume
ehma	ehma	ehma	kpq,	kpq,	kpq,
Rtwv	rtwv	rtwv	2h7b	2h7b	2h7b
oklsx	oklsx	oklsx	w53h	w53h	w53h
ernm	ernm	ernm	d,hu	d,hu	d,hu
hdqn	hdqn	hdqn	6.72	6.72	6.72
vfer	vfer	vfer	fi.5	fi.5	fi.5
ml;/	ml;/	ml;/	bed.	bed.	bed.
er35	er35	er35	tems	tems	tems
fso;	fso;	fso;	/f48	/f48	/f48
eryt	eryt	eryt	cejy	cejy	cejy
d,7r	d,7r	d,7r	mopq	mopq	mopq
4h/8	4h/8	4h/8	fhr.	fhr.	fhr.
o*/#	o*/#	o*/#	dfe;	dfe;	dfe;
dwrt	dwrt	dwrt	5h;f	5h;f	5h;f

2.4.9　文章录入练习

按照正确指法输入下面的英文短文，以巩固指法。该短文可反复练习，以提高输入速度和准确率。

A composition with 150 words

The teacher asks his students to write a composition with 150 words. Little Tom thinks for a few minutes, and then begins to write, " I have a dog. He is black, only the nose is white." Tom stops write and counts the words: 20. He thinks for a few minutes again and goes on writing.

"Every day I take Dick out for a walk." 9 words aging, 29 words in all." I often give Dick a bath. He likes to have a bath, and I like to give him a bath. we both like a bath…"He counts the words again: 67.Tom looks at the blackboard, and then the floor, but he finds noting there. He goes on writing again, "Dick likes bread. So I often give him some bread. But sometimes we do not have any bread in the house, and then I do not give him any…"He stops and thinks. Then he writes quickly, "When I want Dick to come, I call again, 'Dick!' If he does not come, I go on calling, 'Dick! Dick! Dick!' If he does not come, I go on calling, Dick! Dick! Dick!" Tom counts the words: 149. He writes one more word "Dick!" Then he writes down his name on the paper and gives it to the teacher.

The Life on Internet

21st century is century of Internet. Internet is the information bridge of the new millennium, which bridges up cultural differences and narrows down geographic distance. Life on Internet begins to assume great importance in people's daily life.

Life on internet is a variety show. The latest current affairs can reach you in the shortest time. Either sports events or beauty competitions can be viewed live without an entrance ticket. You can also do shopping or see something you like through Internet. And don't forget that e-mail has become the most convenient and the cheapest way to chat with friends and get to know new friends.

Nevertheless, life on Internet is only part of our life. Internet is only a virtual world. Surfing the Internet may enrich your life. But too much sitting and lack of sports can be harmful to your health. If you want to be healthy, please go outdoors with your friends for more fresh air and sunshine.

Advertisements on TV

Today more and more advertisements are seen on the TV screen. Perhaps some people hate to watch the advertisements. But I think advertisements are necessary to the modern society.

They have been playing an important role in people's life.

First, the producers can benefit from advertisements on TV. If they want to make their products known to the public, they can use advertisements on TV. Because many people watch TV everyday, advertising on TV will get a good result. We can imagine: if there weren't advertisements on TV, how many people will know "Yuan Da", "Xin fei" and so on? So advertising is a good way to occupy the market.

Second, I think customers also benefit from them. Because of the advertisements on TV, we get to know many products, and we know the feature of the products. So we can make a better choice.

Advertisements on TV are of great use to society. I think it is a sign of the modern society. But advertisement must satisfy one important requirement - it must be true.

Healthy Life Style Is Good Medicine

It is true that a healthy life style is good medicine. In my opinion a healthy life includes reasonable diets, regular times for getting up in the morning and going to bed in the evening and constant exercises.

On the other hand, a poor life style is harmful to one's health. Some people develop a bad life style without any notice. I think that a poor life style may refer to heavy smoking, overdrinking, and overeating, etc.

Certainly a good life style is beneficial to one's health. For example, if one often gets up early and does morning exercise he will probably live long. However, if one has developed a poor life style, his health will be ruined in one way or another. And he will suffer from various diseases. Therefore, it is vital for anyone to form a good life style.

Will Computers Replace Us?

Computers are working all kinds of wonders. They seem to be so clever and can solve such complicated problems that some people think sooner or later they will replace us.

But I doubt whether there is such a possibility. My reason is very simple: computers are machine, not humans. Our tasks are far too various and complicated for any one single machine to perform. Probably the greatest difference between man and the computer is that the former can do things of his own accord while the latter can do nothing without being programmed.

In my opinion, computers will remain nothing but an extension of our human brains, no matter how complicated they may become.

第 3 章

金山打字通的安装和使用

为方便学生进行指法练习,本章介绍一款打字练习软件——"金山打字通"的使用方法,可以利用该软件进行打字训练。当然,也可以使用其他打字练习软件进行打字训练。

金山打字通是金山公司推出的教育系列软件之一,是一款功能齐全、数据丰富、界面友好的、集打字练习和测试于一体的打字软件。

金山打字主要由英文打字、拼音打字、五笔打字、打字游戏等组成。英文打字由键位记忆到文章练习逐步让用户实现盲打并提高打字速度。五笔打字分 86 和 98 两个版本的编码,从字根、简码到多字词组逐层逐级练习。

3.1 安装"金山打字通"

1. 下载软件

金山打字通是一个免费软件,用户可以到其官方网站免费下载。也可以用"百度"等搜索引擎进行搜索并下载。

(1) 打开浏览器,在地址栏中输入官方网址进入官方网站,如图 3-1 所示,单击"免费下载"按钮。

图 3-1　进入官方网站下载金山打字通

（2）确定下载位置和文件名后，系统将下载文件到本地硬盘，并显示下载进度。

（3）当下载完毕后单击"打开"按钮，即可开始安装。

2. 安装软件

安装"金山打字通"打字练习软件的步骤为：

（1）运行安装程序，弹出"金山打字通 2016 安装"向导，如图 3-2 所示，单击"下一步"按钮。

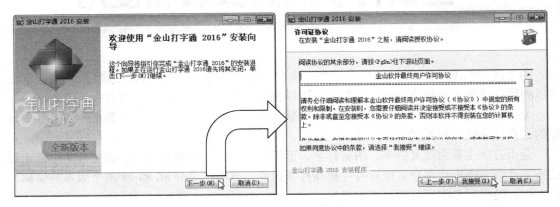

图 3-2　安装向导

（2）在"许可证协议"中，单击"我接受"按钮。

（3）在弹出的推荐软件页面中，根据需要是否取消选中项，单击"下一步"按钮。

（4）在"选择安装位置"页面中，可以通过"浏览"按钮选择其他安装位置，也可以采用默认位置，单击"下一步"按钮，如图 3-3 所示。

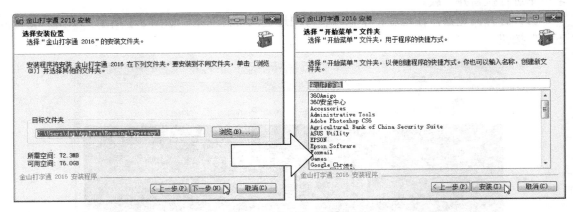

图 3-3　确定安装位置

（5）在"选择'开始菜单'文件夹"中，直接单击"安装"按钮。

（6）程序将自动进行安装，安装完毕后显示"软件精选"页面，如图 3-4 所示，如果不需要安装推荐的软件，则取消默认的选中状态，然后单击"下一步"按钮。

（7）最后单击"完成"按钮完成安装。

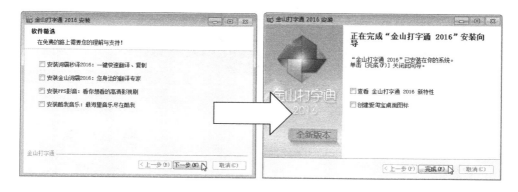

图 3-4　安装完成

3.2　启动"金山打字通"

1．启动

安装完成后，在桌面上将出现"金山打字通"的快捷方式，双击即可运行。也可以在"开始"菜单/"所有程序"项/"金山打字通"的程序组中执行金山打字通程序。

启动后，金山打字通的工作界面如图 3-5 所示。

图 3-5　金山打字通的工作界面

2．用户登录

在第一次使用该软件时，由于系统内无用户，需要先进行登录。

（1）单击界面右上角的"登录"按钮，将弹出"登录"对话框，如图 3-6 所示。

（2）在"创建一个昵称"中，给自己起一个名字，然后单击"下一步"按钮。

（3）绑定 QQ 号后，即可登录成功。

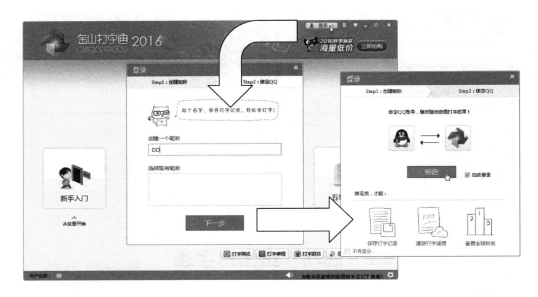

图3-6　登录金山打字通

3.3　新 手 入 门

1．选择练习模式

登录成功后，单击"新手入门"项。在弹出的练习模式中提供了"自由模式"和"关卡模式"，如图3-7所示。

图3-7　新手入门

如果选择"自由模式"，可以任选模块随意进行练习，适合有打字基础者；如果选择"关卡模式"，需要过关斩将、循序渐进地进行练习，适合初学者。

我们根据自己的意愿选择一个，例如选择"关卡模式"，然后单击"确定"按钮。

2．打字常识

进入"关卡模式"后，会发现很多方式供你练习。

单击"打字常识"项，如图 3-8 所示，这里会教你认识键盘区，如果了解的就不用看了，直接单击"下一步"按钮。

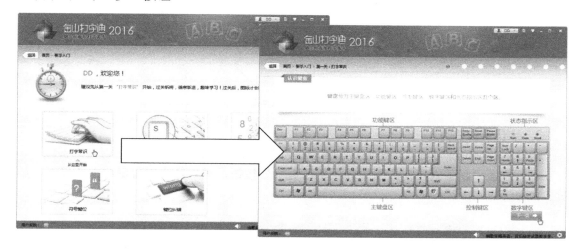

图 3-8　打字常识

接着介绍正确的打字姿势、基准键等基础知识，如图 3-9 所示，直接单击"下一步"按钮即可。

图 3-9　基础知识介绍

一直单击"下一步"按钮往后翻几页，直到基础知识介绍完毕，单击"进入测试"按钮，将弹出测试题，如图 3-10 所示。

 提示：

练习是循序渐进的，虽然可以直接跳过，但是希望大家还是按顺序练习，这样可以巩固知识、强化技能的提高。

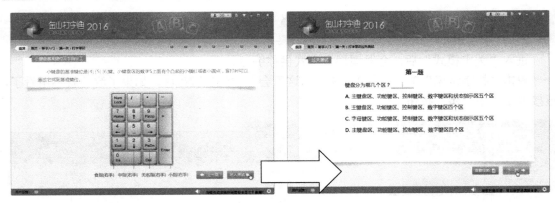

图 3-10　进入测试

3．字母键位练习

通过字母键位练习可以快速地熟悉各个键位在键盘的位置，为今后的练习做准备。

（1）单击"新手入门"界面中的"字母键位"按钮，进入英文字母键位训练界面，如图 3-11 所示。

图 3-11　字母键位练习

（2）启动练习以后，键盘图提示用户击键的位置，被提示的键显示为蓝色，击键正确时键的颜色恢复，否则会出现"×"号，直到击对后"×"号才会消失。

（3）此时，在状态栏显示时间、速度、进度和正确率。

4．数字键位练习

单击"新手入门"界面中的"数字键位"按钮，将进入"数字键位"训练模式，在此可以进行数字键盘操作训练，如图 3-12 所示。

单击"小键盘"按钮，可以切换到小键盘练习。

5．设置

单击右下角的"设置"按钮，将弹出设置列表，如图 3-13 所示。

（1）可以在"练习模式"中选择是"自由模式"和"关卡模式"，也可以用于二者之间的切换。

图 3-12　数字键位练习

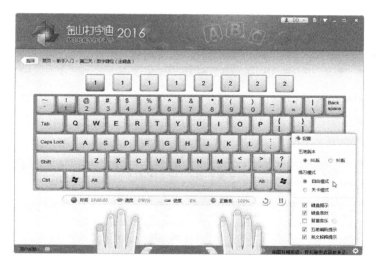

图 3-13　设置列表

（2）如果选中"键盘提示"，键盘图提示用户击键的位置，被提示的键显示为蓝色，击键正确时键的颜色恢复，否则会出现"×"号，直到击对后"×"号才会消失。

（3）如果选中"键盘音效"，则在练习过程中击错键时会出现声音提示，使用户单靠听声音就知道敲击键位是否出错。

3.4　英文打字训练

英文打字练习共设有 3 种方案：单词练习、语句练习、文章练习，如图 3-14 所示。

3.4.1　单词练习

1．单词练习界面

单击"单词练习"选项卡，进入"单词练习"界面，如图 3-15 所示。

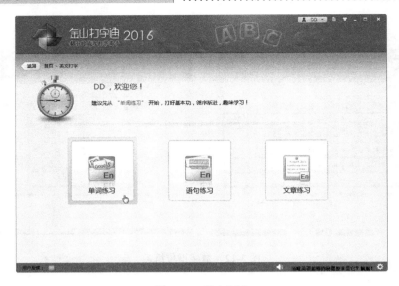

图 3-14　英文打字

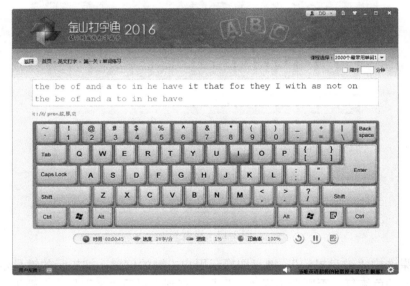

图 3-15　"单词练习"界面

单词练习界面由 3 部分组成，即打字栏、键盘图和状态栏。

（1）打字栏分两个部分：一个是题目栏，另一个是输入栏。题目栏中显示需要敲入的单词；题目栏下面是输入栏，当敲入字母时，输入栏中会出现已经敲入的字母。同时，在单词提示框中显示当前单词的释义。

（2）键盘图会提示用户击键的位置。提示时显示为蓝色，如果敲对，变回原色；如果敲错，则在敲过的错误键上出现叉号，直到敲对后叉号才会消失。

（3）状态栏显示时间、速度、进度和正确率。

2．课程选择

单击"课程选择"按钮，将弹出词库选择列表框，如图 3-16 所示。词库分为常用单词、小学英语、初中英语、大学英语等词汇，可以根据自己的需要选择练习。

3.4.2　语句练习

单击"语句练习"选项卡，进入"语句练习"界面，如图 3-17 所示。与单词练习相似，可以在"课程选择"下拉列表中选取训练内容进行练习，在此不再赘述。

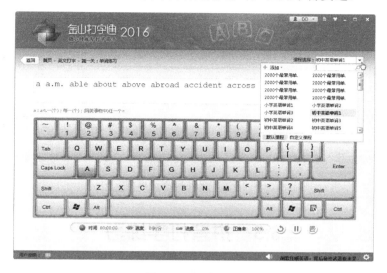

图 3-16　词库选择

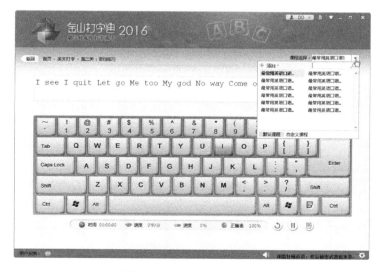

图 3-17　"语句练习"界面

3.4.3　文章练习

文章练习是为了更快地提高英文的整体打字水平而准备的。在文章练习中，可以更加熟练地掌握最常用单词，还可以把握英文句子的节奏，更快地提高打字速度。

单击"文章练习"选项卡，进入"文章练习"页面，如图 3-18 所示。单击"课程选择"

按钮，在其下拉列表中可以选择要练习的文章内容。直接按照题目内容进行练习即可。

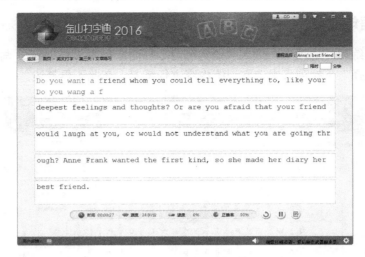

图3-18 "文章练习"页面

3.5 拼音打字练习

拼音打字是为那些比专业打字员要求低的用户准备的，所以这个部分练习的强度相对较低一些，分"拼音输入法"、"音节练习"、"词组练习"、"文章练习"四个部分，如图3-19所示。

图3-19 拼音打字练习

3.5.1 拼音输入法

单击"拼音输入法"选项卡后，进入拼音输入法基本知识介绍界面，如图3-20所示。根据需要进行阅读和学习，然后单击"下一步"按钮，继续学习完成后，进入"过关测试"界面，回答完毕后单击"交卷"按钮。

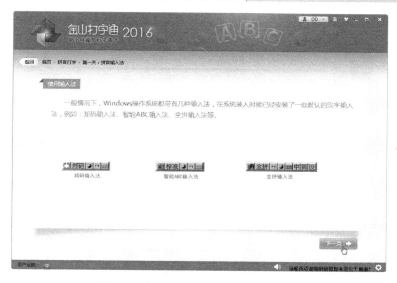

图 3-20　拼音输入法基本知识介绍界面

3.5.2　音节练习

在音节练习中，主要针对模糊音、连音词等进行练习。通过这些练习，能纠正用户的错误发音，在拼音打字中达到事倍功半的效果。

在"拼音打字"界面中，单击"音节练习"选项卡即可进入"音节练习"界面，如图 3-21 所示。单击"课程选择"下拉列表，选择练习项目后按照题目要求击打相应按键，即可进行练习。

图 3-21　"音节练习"界面

3.5.3　词组练习

单击"词组练习"选项卡即可进入"词组练习"界面，如图 3-22 所示。在"课程选择"

下拉列表中可以选择二字词、三字词、四字词、多字词，按照题目要求内容进行录入。

图 3-22　词组练习

3.5.4　文章练习

单击"文章练习"选项卡，即可进入"文章练习"界面，如图 3-23 所示。在"课程选择"下拉列表中，可以选择某篇文章，按照题目要求内容进行录入。

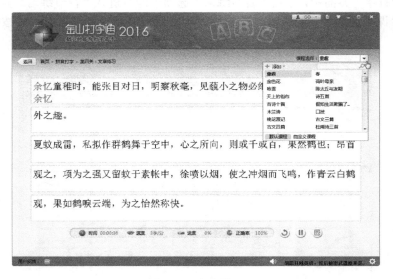

图 3-23　文章练习

3.6　五笔打字练习

在"五笔打字"练习中也能进行分类学习和训练，包括"五笔输入法"、"字根分区及讲解"、"拆字原则"、"单字练习"、"词组练习"、"文章练习"六项内容，如图 3-24 所示。

图 3-24　五笔打字练习

3.6.1　五笔输入法

单击"五笔输入法"项，进入五笔输入法的基本知识学习界面，逐页学习完成后连续单击"下一步"按钮，最后进行测试答题。

3.6.2　字根分区及讲解

单击"字根分区及讲解"项，进入五笔字根有关基本知识的学习页面，如图 3-25 所示。逐页学习完成后连续单击"下一步"按钮，也可以单击"跳过讲解"按钮直接进入字根的测试练习。

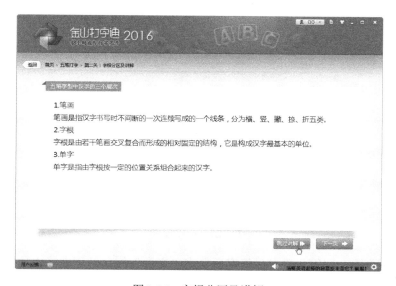

图 3-25　字根分区及讲解

在如图 3-26 所示字根练习界面，按照题目要求击打相应按键，即可进行练习。也可以在

"课程选择"下拉列表中选择训练项目有针对性地进行训练。

图 3-26　字根练习

3.6.3　拆字原则

单击"拆字原则"选项卡，进入五笔字型中有关拆字方面基本知识的学习界面，如图 3-27 所示。逐页学习完成后连续单击"下一步"按钮，也可以单击"跳过讲解"按钮直接进入拆字的测试练习。

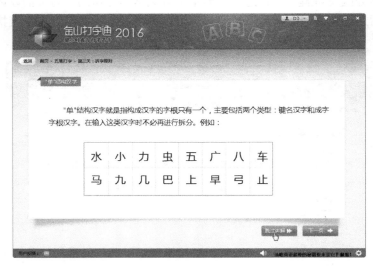

图 3-27　拆字原则

在过关测试页面，回答正确题目答案后单击"交卷"按钮即可完成本项学习任务。

3.6.4　单字练习

单击"单字练习"选项卡即可进入"单字练习"界面，如图 3-28 所示。按照题目要求内容进行录入。

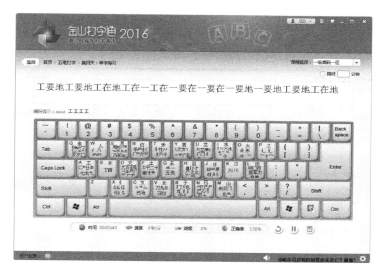

图 3-28 单字练习

在"课程选择"下拉列表中，列出了一级简码、二级简码、常用字、难拆字、易错字等训练项目，可以根据需要选择进行训练。

其中，一级简码的 25 个汉字是使用频率最高的，应该熟记；二级简码共 600 多个，熟记这些字的编码，可以加快打字的速度；常用字练习可以迅速地练习最常用的 500 多个汉字，从而在最短的时间内实现全篇文章输入；难拆字练习可以迅速掌握 400 多个最难掌握的需要识别码的汉字，最大限度地消灭篇章输入时的障碍。

3.6.5 词组练习

单击"词组练习"选项卡即可进入"词组练习"界面，如图 3-29 所示。按照题目要求内容进行录入。

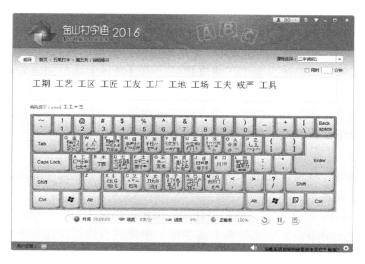

图 3-29 词组练习

在"课程选择"下拉列表中，列出了二字词组、三字词组、四字词组、多字词组等训练项目，可以根据需要选择进行训练。

其中，"两字词组"有10000多条，"三字词组"有3000多条，"四字词组及多字词组"有2000多条，熟记这些词组可以快速提高打字速度。

3.6.6　文章练习

单击"文章练习"项即可进入"文章练习"页面，如图3-30所示。按照题目要求内容进行录入。

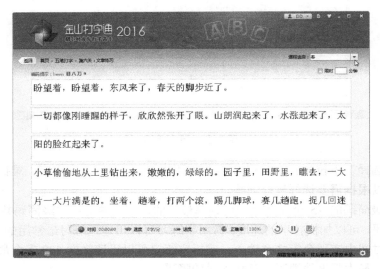

图 3-30　文章练习

在"课程选择"下拉列表中，提供了多篇文章，选中一篇文章即可以进行文章练习。

3.7　使用打字游戏

打字练习过程中游戏是提高打字兴趣和积极性必不可少的内容。金山打字通提供了10款游戏，可以让用户在妙趣横生的游戏中，无形地提高对键盘的熟悉程度和文章盲打的水平。其中，初级游戏主要以字母练习为主，难度较低；中级游戏主要以词语为主，有点难度；高级游戏以整句练习为主，难度较大。

单击主界面的"打字游戏"按钮，进入打字游戏选项界面，如图3-31所示。

下面仅简要介绍2款游戏的使用方法。

1．拯救苹果

单击"拯救苹果"项将自动进入下载页面，稍等片刻，下载完毕后进入游戏安装向导，按照向导提示进行安装。

启动游戏后，如图3-32所示，单击"开始"按钮，此时，一个个诱人的苹果从苹果树上往下落。你只要能正确敲击显示在苹果上的字母，苹果就被竹篮接住，不会落在地上，那么拯救苹果的计划就成功了。

单击游戏界面中的"设置"按钮，将弹出"功能设置"对话框，如图3-33所示。

图 3-31　打字游戏

图 3-32　拯救苹果

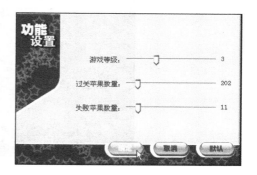

图 3-33　功能设置

（1）游戏等级：左右滑动控制杆调节苹果的下落速度。

（2）过关苹果数量：左右滑动控制杆调节过关需要接到的苹果数目。

（3）失败苹果数量：左右滑动控制杆调节允许有多少个苹果没接到就不能过关。

2．生死时速

单击"生死时速"项即可自动进入下载页面，稍等片刻，下载完毕后启动进入游戏页面，如图 3-34 所示。

生死时速是角色扮演类游戏，分单人游戏、多人游戏。

（1）如果选择"单人游戏"，可以任意选择小偷或警察的角色，用户需要根据输入栏的文章敲入字母，敲对了前进，如果敲错，直到敲对以后才能继续前进。跑完所有道路后，如果警察还没有赶上小偷，小偷就取得胜利；如果警察追上小偷，警察就取得胜利。其中，玩家可以在游戏设置中选择加速工具，加快自身的运行速度。

图 3-34　生死时速

单击"单人游戏"后，即可进入图 3-35 所示页面，在此选择人物和加速道具。注意，选择汽车的加速速度比摩托车的快。

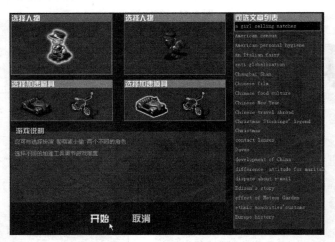

图 3-35　选择人物和加速道具

选择完成后，单击"开始"按钮进入游戏，此时游戏并没有开始计时，直到按下第一个有效键位后游戏才开始计时。

（2）如果选择"多人游戏"，在局域中的两个人可以商量好谁选警察、谁选小偷。选好角色后，等网络完成连接后，就能开始游戏了。

第 4 章

汉字输入方法概述

输入法是指为了将各种符号输入计算机或其他设备（如手机、智能终端等）而采用的编码方法。世界上使用汉字的人口约占世界总人口的 1/4，因此研究和发展汉字输入编码是一项非常急迫的任务。计算机中文信息处理技术需要解决的首要问题就是汉字的输入技术。

4.1 输入法的基本概念

4.1.1 汉字编码

英文字母只有 26 个，它们对应着键盘上的 26 个字母，所以，对于英文而言是不存在什么输入法的。

中国是汉字的发源国，汉字应用已有数千年历史。原始社会晚期，我国汉民族的先民在各种器物上刻画的符号，渐渐演变成为汉字。到目前为止，汉字的字数有几万个，它们和键盘是没有任何对应关系的，但为了向计算机中输入汉字，必须将汉字拆成更小的部件，并将这些部件与键盘上的键产生某种联系，从而通过键盘按照某种规律输入汉字，这就是汉字编码。

汉字输入编码的方法，是在汉字中寻找统一的有规律的特征信息，将汉字二维平面图形信息转换成一维线性代码。根据所取特征信息的不同，汉字输入编码分从音编码和从形编码两大类。其他类型是相互结合型，或与字义结合，或与检字法结合，或与词组结合。因设计的目的、思想不同，用于编码的元素、所用码元的数量、取码方法和规则，避开同码字和占用键盘键位的方法等，都因设计者而异，因此产生了数百种汉字输入编码方案。

汉字编码方案已经有数百种，其中在计算机上已经运行的就有几十种，作为一种图形文字，汉字是由字的音、形、义来共同表达的，汉字输入的编码方法基本上都是采用将音、形、义与特定的键相联系，再根据不同汉字进行组合来完成汉字的输入。

4.1.2 汉字输入设备

根据输入设备的不同，输入方式又分为键盘、手写、语音等。

（1）键盘输入是最基础的计算机输入方式。

（2）手写识别借着计算机的认字功能，由使用者的手写字体来辨别文字或其他符号。

（3）语音识别使用话筒和语音识别软件来辨别中文字。

如今，通过语音和图像识别技术，计算机能直接将汉语和汉字文本转换为机器码，已经有多种语音识别系统和多种手写体、印刷体的汉字识别系统面世，相信还有更完美的产品推出。

4.1.3　汉字输入方法分类

计算机上使用的汉字输入法很多，可分为键盘输入法和非键盘输入法两大类。

1．键盘输入法

键盘输入方法是通过输入汉字的输入码方式输入汉字，通常要敲击 1～4 个键输入一个汉字，它的输入码主要有拼音码、区位码、纯形码、音形码、形音码等，用户需要会拼音或记忆输入码才能使用，一般对于非专业打字的使用者来说，速度较慢，但正确率高。其中好的形音码或音形码则可以做到速度既快，正确率又高。

键盘输入技术比较成熟，目前的发展方向是多环境、多内码和智能化语句输入。

2．非键盘输入法

再好的键盘输入法，都需要用户经过一段时间的练习才能达到令人满意的速度，至少用户的指法必须很熟练才行，对于不是专业计算机使用者来说，多少会有些困难。所以，许多人希望不通过键盘，就能轻易地输入汉字，即非键盘输入法。

4.2　键盘输入法

键盘输入法是最容易实现和最常用的一种汉字输入方法。通过键盘输入汉字，实际输入的是与该汉字对应的汉字编码。

4.2.1　键盘输入编码法分类

目前的键盘输入法种类繁多，而且新的输入法不断涌现，各种输入法各有各的特点，也各有各的优势。随着各种输入法版本的更新，其功能越来越强。目前主要的中文输入编码方法有音码、形码、音形码、形音码、序号码。

1．音码

音码输入是用汉语拼音作为汉字的输入编码，以输入拼音字母实现汉字的输入。不需要特殊记忆，符合人的思维习惯，只要会拼音就可以输入汉字。但拼音输入法也有以下缺点：

（1）同音字太多，重码率高，输入效率低。

（2）对用户的发音要求较高。

（3）难以处理不认识的生字。

某些拼音输入法虽然有满足南方音的容错码设计，但目前主流拼音是立足于义务教育的拼音知识、汉字知识和普通话水平之上，所以对使用者普通话和识字及拼音水平的提高有促进作用。

目前的音码输入法趋于智能化，同时可以进行词组输入，大大减少了同音字，提高了输入的效率。对于不会汉语拼音、不会讲普通话的人来说，使用音码输入汉字是很困难的。

常用的音码输入有全拼、简拼、双拼等，目前国内普及率最高的音码输入法是搜狗拼音输入法。

2．形码

形码是按汉字的字形（笔画、部首）来进行编码的。汉字是由许多相对独立的基本部分组成的，例如，"好"字由"女"和"子"组成，"助"字由"且"和"力"组成，这里的"女"

"子""且""力"在汉字编码中称为字根或字元。

形码是一种将字根或笔划规定为基本的输入编码，再由这些编码组合成汉字的输入方法。也就是说，利用汉字书写的基本顺序将汉字拆分成若干块，对每块用一个字母进行取码，整个汉字所得的码序列就是这个汉字的形码。

使用形码输入汉字时，重码率低，速度快，只要能知道汉字的字形就能拆分汉字而完成汉字的输入。但是，采用字形方法时，任何人都必须重新学习，并需要记忆大量的字根键和汉字拆分规则。

常用的形码输入方法有五笔字型码、郑码等。

3．音形码

音形码是利用音码和形码各自的优点，兼顾了汉字的音和形。一般以音为主，以形为辅，音形结合，取长补短，即使是字形也采用偏旁、部首读音的声母字符输入，不需要记忆键位。

由于兼顾了音码、形码的优点，既降低了重码率，又不需要大量的记忆，因而具有使用简便、输入速度快、效率高等优点。适合对打字速度有些要求的非专业打字人员使用，如记者、作家等。相对于音码和形码，音形码使用的人还比较少。

常用的音形码输入方法有自然码、谭码等。

4．形音码

形音码是利用形码和音码各自的优点，兼顾汉字的形和音，以形为主，以音为辅，目的是利用"形托（象形）"和"音托（反切）"来减少编码中死记的部分，提高输入效率，易学易记，输入速度快。

5．序号码

序号码是利用汉字的国标码作为输入码，用 4 个数字输入一个汉字或符号。因为每个汉字只有一个编码，所以重码率几乎为零，效率高，可以高速盲打，但缺点是需要的记忆量极大，而且没有什么太多的规律可言。

常见的序号码有区位码、电报码、内码等，一个编码对应一个汉字。

这种方法适用于某些专业人员，比如，电报员、通讯员等。但在计算机中输入汉字时，这类输入法已经基本淘汰，只是作为一种辅助输入法，主要用于输入某些特殊符号。

4.2.2 常用的键盘输入法

目前输入汉字常用的汉字编码有全拼输入法、双拼输入法、智能 ABC 输入法、区位码输入法、自然码输入法、母字全能输入法、王码（五笔字型）输入法等。

1．全拼输入法

全拼输入法属于音码输入，是初学者常用的一种方法。这种方法是输入汉语拼音的全部字母，就可以得到相应的同音汉字。

全拼输入法适用于学过汉语拼音的人，一般不需要经过专门的训练就可掌握，它的缺点是要求必须会汉字的读音，并且要准确，当一组同音字较多时，需要选字，这正是这种方法输入速度不快的主要原因。

拼音码汉字输入法比较适合那些会拼音的人使用。由于重码字多的原因，专业操作人员很少选用它。

2．双拼输入法

双拼输入法（也称简拼输入法）是将多于一个字符的声母和韵母用一个字母编码，从而比全拼输入的编码大大缩减，提高了键盘输入的速度，适用于经常需要用拼音输入汉字的人，比全拼的速度快。但要记忆十几个声母和韵母的编码。

3．智能 ABC 输入法

智能 ABC 输入法也是一种常用的输入法，有全拼、双拼和笔形三种输入模式，以拼音为基础输入单字或词组，特别在词组输入方面具有较高的效率，适用于一些经常输入某一方面专业词汇的人，如果进行智能化设置，可以大大提高输入效率。

4．区位码输入法

区位码输入法是按汉字、图形符号的位置排列成一个二维矩阵，以纵向为"区"，横向为"位"。因此，区位码由 2 位区号和 2 位位号共 4 位 0～9 的十进制数字组成。每个汉字都对应唯一确定的区号和位号，因而没有重码。

区位码汉字输入法，是一种使用起来最简单的编码输入法。区位码汉字由 4 位数字编码组成，对国标码字符基本集中的 7445 个字符（包括汉字）都给出了唯一对应的编码。特点是：没有重码，除汉字外的各种字母、数字、符号也都有相应的编码；缺点是编码的记忆规律性不强，使用者很难记住每个编码，也难以做到"见字识码"。

5．自然码输入法

自然码输入法以字输入为基础，以词或短语输入为主导，音、形、义结合，并辅以语句输入功能。它的汉字编码简单易学，以双拼为主，允许全拼混合输入，并且为生字的输入提供了简明的形码辅助功能。

自然码输入法属于音形码输入，易学、易用、输入速度较快，特别适合已经熟悉压缩拼音输入法的普通计算机用户使用。

6．母字全能输入法

母字全能汉字输入法是以汉字（母字）编"汉字"的全能编码。它以 25 个自然汉字作为拼形、拼音的编码"母字"，每个母字均包孕所有汉字的"声母、韵母、全形、象形"四大编码要素，使编码记忆量减少到最小程度。简单易学，录入快速且不易遗忘，主要码型属于形音码和音形码范畴，对于专业和非专业人员非常适合使用。

7．五笔字型输入法

五笔字型输入法利用汉字的字型特征编码，是形码输入，它将汉字拆分成若干块，无论多么复杂的汉字，最多只需击 4 键即可输入计算机，重码率低，简码多，再加上词组多，汉字输入效率很高。由于它的拆分规则比较特殊，需要专门的训练才能掌握，因此适用于需要快速输入汉字的人员（专业打字员）。这种输入方法重码率低，便于盲打，输入速度较音码要快得多，是优秀的汉字输入法。

4.2.3　键盘输入法的选用

那么，应该选用哪种键盘输入法呢？一般来讲，非专业打字人员可以选择简单的音码，专业打字人员应选择形码，对打字速度有些要求的非专业打字人员可以采用音码或音形码。用键盘输入法来输入汉字，其输入速度取决于用户对键盘和编码的熟悉程度。

4.3　非键盘输入法

非键盘输入方式是采用手写、听、听写、读听写等进行汉字输入的一种方式。根据其组合和品牌分为：手写笔、语音识别、手写加语音识别、手写语音识别加 OCR 扫描阅读器。

非键盘输入的特点是使用简单，但需要特殊设备。下面仅做简单介绍。

1. 手写输入法

手写输入法是一种笔式环境下的手写中文识别输入法，符合中国人用笔写字的习惯，只要在手写板上按平常的习惯写字，计算机就能将其识别显示出来。如图 4-1 所示为搜狗输入法中的手写输入模式。

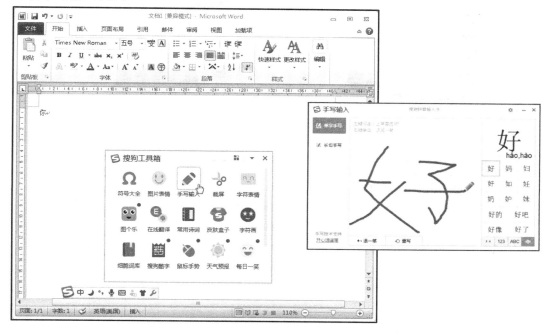

图 4-1　搜狗的手写输入模式

手写输入是近年来发明的一种新技术，手写输入系统一般由硬件和软件两部分构成：硬件部分主要包括电子手写笔和写字板，软件部分是汉字识别系统。

使用者只需用与主机相连的书写笔把汉字写在如图 4-2 所示的书写板上，写字板中内置的高精密的电子信号采集系统，就会将汉字笔迹的信息转换为数字信息，然后传送给识别系统进行汉字识别。利用软件读取书写板上的信息，分析笔划特征，在识别字库中找到这个字，再把识别的汉字显示在编辑区中，通过"发送"功能将编辑区的文字传送到其他文档编辑软件中。汉字识别系统的作用是将硬件部分传送来的信息与事先存储好的大量汉字特征信息相比较，从而判断写的是什么汉字，并通过汉字系统在计算机的屏幕上显示出来。

手写输入系统的难点在于汉字笔迹的识别，因为每个人的书写汉字笔迹都不一样，因此手写笔迹比较系统就必须能允许一定的模糊偏差，才能有较高的识别率。目前已经开发了许多种手写输入系统，简称"手写笔"系统。有些手写笔可以代替鼠标进行操作。

手写输入法的好处是只要会写汉字就能输入，不需要记忆汉字的输入码，与日常写字一样，不仅方便、快捷，而且错字率也比较低。用鼠标在指定区域内也可以写出字来，只是要求鼠标操作非常熟练。

2. 语音输入法

语音输入法是将声音通过话筒转换成文字。以搜狗语音输入法为例，如图 4-3 所示，使用起来很方便，但是错字率比较高，特别是一些未经训练的专业名词以及生僻字。

图4-2 手写板

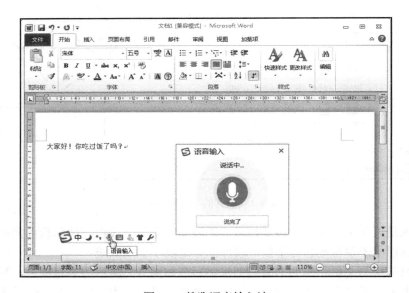

图4-3 搜狗语音输入法

语音输入法在硬件方面要求计算机必须配备能进行正常录音的声卡，然后调试好麦克风，对着麦克风用普通话语音进行文字录入。如果普通话口音不标准，可用它提供的语音训练程序，进行一段时间的训练，使其熟悉你的口音，同样也可以实现文字输入。

语音输入是近年来一种新技术，它的主要功能是用与主机相连的话筒读出汉字的语音，利用语音识别系统分析辨识汉字或词组，把识别后的汉字显示在编辑区中，再通过"发送"功能将编辑区的文字传送到其他文档的编辑软件中。语音识别技术的原理是将人的话音转换成声音信号，经过特殊处理，与计算机中已存储的已有声音信号进行比较，然后反馈出识别的结果。

语音输入的关键在于将人的话音转换成声音信号的准确性，以及与原有声音信息比较时的智能化程度。语音识别技术是人工智能的有机组成部分。这种输入的好处是不再用手去输入，只要会读出汉字的读音即可，但是受每个人汉字发音的限制，不可能都满足语音识别软件的要求，因此在实际应用中错误率较键盘输入高。特别是一些专业技术方面的语言，识别系统几乎不能确认，错误率更高。

语音输入技术还在中级阶段，因为其特殊性，除要求有相对安静的环境外，即使将来技术再提高很多，也需要对文字中所出现的人名、地名及偏僻字进行描述，因此，一般作为辅助输入手段，要想完成工作必须要配合手写或键盘输入。

3. OCR 简介

光电扫描输入是利用计算机的外部设备——光电扫描仪（见图4-4），首先将印刷体的文本扫描成图像，再通过专用的光学字符识别系统（Optical Character Recognition，OCR）进行文字的识别，将汉字的图像转成文本形式，最后用"文件发送"或"导出"输出到其他文档编辑软件中。

图4-4　光电扫描仪

OCR 要求先把要输入的文稿通过扫描仪转化为图形才能识别。所以，扫描仪是必需的，而且原稿的印刷质量越高，识别的准确率就越高，一般最好是印刷体的文字，比如图书、杂志等，如果原稿的纸张较薄，那么有可能在扫描时纸张背面的图形、文字也透射过来，干扰最后的识别效果。

OCR 技术解决的是手写或印刷的重新输入的问题，它必须配备一台扫描仪，而一般市面上的扫描仪基本都附带了 OCR 软件。

这种输入方法的特点是只能用于印刷体文字的输入，要求印刷体文字清晰，才能识别率高，好处是快速、易操作，但受识别系统识别能力的限制，后期要做一些编辑修改工作。

4.4　中文输入法的发展

中文输入法是指为了将汉字输入计算机、智能终端等电子设备而采用的编码方法，是中文信息处理的重要技术。

中文输入法是从 19 世纪 80 年代发展起来的，中间经历了几个阶段：单字输入、词语输入、整句输入。对于中文输入法的要求是以单字输入为基础达到全面覆盖；以词语输入为主干达到快速易用；整句输入还处于发展之中。目前较流行的中文输入法有：搜狗拼音输入法、紫光拼音、拼音加加、王码五笔、智能五笔、万能五笔、粤语拼音输入法等。

中文输入法的发展过程是"万码奔腾"的过程，在 20 年间出现了上千种编码方法。

1. 发展历程

从 1981 年国家标准局发布《信息交换用汉字编码字符集基本集》（GB2312－80）以来，汉字输入法经历了从无到有，从难到易，从简单到智能的巨大演变过程，回顾它的发展历程，可以一窥个人计算机在国内的发展史。

（1）计算机中可以输入汉字了。

代表输入法：五笔字型输入法。

计算机在中国普及，第一个急需解决的问题就是，如何将汉字输入到计算机中。为此，国家 1981 年发布了 GB2312－80。

1983 年，王永民先生推出了划时代的五笔字型输入法，五笔输入法不但可以输入汉字，而且也极大地解决了输入速度这一顽症。20 世纪 90 年代初，五笔输入法的热度，可以从当时人们的日常生活中体会到一些，比如遍地开花的计算机培训学校把五笔输入法当成重点课程，依靠对五笔输入法的熟练程度，就可以轻松找到一份不错的文职工作，甚至可以开间打字社，由此可见，五笔输入法在当时是多么重要。

（2）人人皆可输入。

代表输入法：智能 ABC 和中文之星新拼音。

五笔输入法解决了汉字输入的问题，且输入速度也很快，从而盛行一时。但很快随着计算机用户的越来越多，强背字根、入门难的先天问题越来越突显出来了，更多的人需要一款使用简单、入门轻松的输入法来代替五笔输入法。这个时候，1991 年由长城集团与北京大学合作推出的智能 ABC 汉字输入法以及中文之星推出的新拼音解决了这一问题。它入门简单，只要会拼音就能上手，而且带有简单的联想和记忆功能，这些特点，让它很快得到了初级用户的喜爱，尤其是在 Windows 系统将智能 ABC 内置成为系统默认安装输入法之一后，使用它的用户越来越多。

（3）效率不只是五笔的代言词。

智能拼音横空出世，代表输入法：微软拼音、拼音之星和紫光拼音。

五笔入门较难，但输入效率快，智能 ABC 入门简单，但输入效率不高。如何做到两全其美呢？既入门简单又可以保证输入效率的输入法在众多呼声中出现了，这种输入法入门简单（会拼音即可），且能保持较高的输入速度（全拼联想、庞大词库、简拼等诸多功能极大地提高了输入效率），又采用了一定的智能处理能力，能支持短语甚至语句输入，极大地方便了用户。

这一时期的代表输入法有微软拼音、紫光拼音、拼音之星、拼音加加、智能狂拼、自然码和黑马神拼等，都是中文输入领域经典之作。

（4）与搜索引擎结合输入法。

代表输入法：搜狗和谷歌拼音输入法。

随着几大互联网门户的介入，中文输入法领域在 2007 年左右出现了重大变化，搜狗、谷歌和腾讯陆续推出了拼音输入法，这些输入法的特点是结合搜索引擎功能，将搜索引擎得到的关键词搜索数据添加到输入法中，满足了互联网时代新词、热词输入的准确性。这些门户网站的输入法善于吸收紫光拼音、拼音之星、拼音加加和微软拼音等一些长项，升级版本迅速，加上输入界面漂亮新颖，并允许用户上传皮肤和词语库，用户体验较好，一时间，不少智能 ABC 用户转投此类输入法。

这个时期的后起之秀有搜狗拼音输入法、谷歌拼音、QQ 拼音，而紫光拼音、拼音之星、拼音加加等经典输入法在这之后也相继更新升级，得到发扬光大，一时间中文输入法呈现出一派勃勃生机。

2. 在线输入法

目前，一些互联网公司根据互联网新词变化多、发展快的特点，陆续开发了基于网站服务器在线更新词库以及用户词库同步上传到服务器的功能，进一步加快了热词、新词的更新，代表有谷歌拼音输入法、QQ 输入法和搜狗输入法，如图 4-5 所示。

图 4-5 在线输入法

但是，这一类输入法也存在一些问题：

（1）网络更新造成用户机器输入反应变慢，有用户抱怨一开机系统就经常更新，希望不要那么频繁地更新与同步。

（2）用户担心隐私泄露，毕竟输入法写的东西有不少是用户的私人东西，如果上传，将会担心信息外传，即使到了互联网公司的机器里，也难以担心不泄露。

（3）用户机器上的输入法可能越来越庞大，占用资源更多。

在这种情况下，有开发者推出了免安装的绿色版本输入法，体积小、智能化程度高、占用资源少，不需要安装还能免除改写注册表的烦恼，也防止了实时更新信息泄露。

另外一些公司推出了针对网页进行输入的 online 输入法或云输入法，特点也是免安装，但只有连上互联网才能使用，一般来说只能在网页中使用，目前速度比较慢，功能比较单一，只能在输入少量汉字的环境中使用。这一类输入法还在探索发展之中。

3. 火星文输入法

输入法的前三个发展阶段，都是针对汉字的输入方式和速度方面进行改进优化，不过随着网络的高速发展，汉字的作用正在慢慢转变，越来越多的人输入文字不再只是为了工作，更多的是为了交流、展现自我。

网络这个大舞台，让原本少人问津的生僻字、古文字，甚至各种符号都有了表现平台。比如，火星文输入法能把文字自动转换为酷酷的火星文，不必改变原有的打字习惯。比如，"冇怪畾，请吥嫑靠近↖(^ω^)↗"等，让文字输入新鲜有趣，如图 4-6 所示。

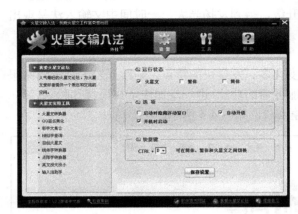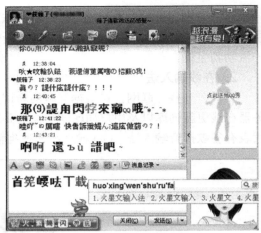

图 4-6　火星文输入法

新时代需求下，以上只能输入文字的常规输入法，对这些需求已经无能为力。为此，不只可输入文字，对生僻字、古文字、火星字以及各类符号同样支持的新一代输入法孕育而生了，常见的火星文输入法算是其中最为出色的一款，它解析了输入法其实不只能输入文字。

输入法一路走来，大概经历了四个发展阶段，每个阶段的发展原动力都是出于对用户的需求满足为出发点。如今，整个输入法领域可谓百花齐放，大家都在为更快、更简单、更全面的输入法目标迈进。

第 5 章

五笔字型编码基础

五笔字型是王永民先生 1982 年发明的一种字根拼形输入方案，该汉字输入方案重码率低，录入速度快，是在我国使用广泛的汉字输入方法之一。

5.1 五笔字型的基本原理

五笔字型汉字输入法是一种形码输入法，是把组成汉字的"五笔字根"按照汉字的书写顺序输入计算机，从而得到汉字或词组的一种计算机键盘输入方法。

1. 积木式的汉字

汉字是由 5 种笔画经过各种复合连接或交叉而成的相对不变的结构，然而笔画只能表示组成汉字的某一笔，真正构成汉字的基本单位是字根，而这些字根正如一块块不同形状的积木，使用这些不同形状的"积木"就可以组合出成千上万个不同的汉字，如图 5-1 所示。

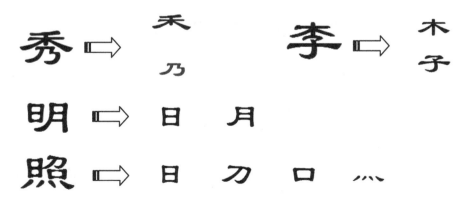

图 5-1　积木式的汉字

2. 五笔字型编码原理

基于积木式汉字这一思路，王永民教授花费了 5 年心血，苦心钻研了成千上万个汉字及词组的结构规律，经过层层分析、层层筛选，最后优化得到 130 种字根，将它们科学有序地分布在键盘的 25 个英文字母键（除 Z 键外）上，从而可以输入成千上万个汉字及词组。

在输入汉字时，首先将汉字拆成不同的字根，按照一定的规律进行分配后，再把它们定义到键盘的不同键位上。这样就可以按照汉字的书写顺序，敲击键盘上相应的键，也就是给计算机输入一个个代码，计算机就会将这些代码转换成相应的文字显示到屏幕上。这个过程可以用图 5-2 表示，这就是五笔字型输入法的基本原理。

日→J （五笔字型将字根"日"分配在"J"键上）

刀→V （五笔字型将字根"刀"分配在"V"键上）

口→K （五笔字型将字根"口"分配在"K"键上）

灬→O （五笔字型将字根"灬"分配在"O"键上）

照 五笔字型编码 JVKO

图 5-2　五笔字型输入法的原理

3．五笔字型录入汉字的基本思路

从图 5-2 中可以看出，要录入"照"字，其操作步骤如下：

（1）将"照"字拆分成字根"日 刀 口 灬"，并按书写顺序排列好。

（2）将每个字根的编码找出来。根据字根表可知，"日"的编码是 J，"刀"的编码是 V，"口"的编码是 K，"灬"的编码是 O。因此，"照"字的编码是 JVKO。

（3）在五笔字型输入法状态下，依次敲入 JVKO 键位即可将"照"字正确录入。

由此可见，五笔字型输入法录入汉字的基本思路为：先将汉字拆分成基本字根，然后找到每个字根的编码，最后将所有字根的编码按照书写顺序排列起来就成了汉字的编码。

我们学习五笔字型输入法，就是要学习键盘上的每个键位对应着哪些字根，学习如何把汉字拆成五笔字根，学习输入字根对应的字母（必要时要输入识别码），学习词汇的输入。

5.2　汉字的 3 个层次

汉字是一种表意文字，形体复杂，笔画很多，但是所有汉字都具有一些共同的特征。即不管多么复杂的汉字都是由一笔一画组成的——由基本笔画构成汉字的偏旁部首，再由基本笔画和偏旁部首组成全部有形有意的汉字。

但是，一个完整的汉字，既不是一系列不同笔画的线性排列，也不是一组组各种笔画的任意堆积。由若干笔画复合连接交叉所形成的相对不变的结构、绝大多数都是由古汉字中的基本图形衍变而来，称之为"字根"。一般来说，字根是有形有意，在多数情形下还有称谓的构字基本单位，这些基本单位经过拼形组合，新产生出为数众多的汉字。

例如，每个汉字都是由横、竖、撇、捺、折五种笔画组合而成的，但是在书写汉字时，如"李"字，并不是说"李"这个汉字由"一横、一竖、一撇、一捺、一折、一竖钩加一横"组成，而是说"李"字由"木"与"子"构成。这里说的"木"和"子"就是字根，它是构成汉字的最重要、最基本的单位，将字根按一定的位置组合起来就组成了汉字。如图 5-3 所示。

在五笔字型中，把汉字划分为 3 个层次：笔画、字根、单字。

（1）笔画：书写汉字时，一次写成的连续的线段。是构成汉字的最基本成分。

（2）字根：由笔画组成的组字基本单位。可以是汉字的偏旁部首，也可以是其中的一部分，甚至是笔画。

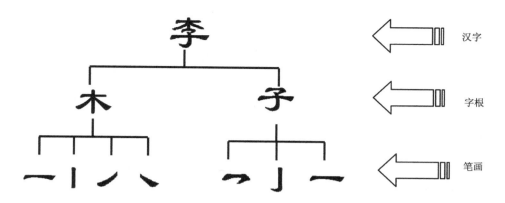

图 5-3 汉字的 3 个层次

（3）单字：由字根按一定的位置关系拼合起来组成的汉字。

5.2.1 汉字的 5 种基本笔画

笔画是书写汉字时，一次写成的一个连续不断的线段。这里所说的"写"的含义如下：

（1）按楷书字形来书写，而不是按其他字形（如行书、草书体）来书写。

（2）按国家标准字形来书写。

（3）按简化后的新字型来书写，而不是按简化前的老字型来写。

五笔字型中的笔画只考虑笔画的运笔方向，不考虑其长短，这样将汉字的笔画归结为 5 种基本笔画：横、竖、撇、捺、折，并将这 5 个基本笔画按照顺序和汉字使用频率分为 5 个单元区，用数字 1、2、3、4、5 这五个代号表示 5 种基本笔画，如表 5-1 所示。

表 5-1 汉字的 5 种基本笔画

代号	笔画名称	笔画走向	笔画及变形	例 字
1	横	左→右	一 ╱	二、厂、大、现、理、场
2	竖	上→下	丨 亅	竖、归、利
3	撇	右上→左下	丿	用、流、代、个、分
4	捺	左上→右下	乀 、	点、学、寸、心、冗、术
5	折	带转折	乙 乚 乛 乛 乃 勹	飞、马、匕、令、乃

在使用中，除了要掌握汉字的基本笔画"一丨丿丶乙"外，还要掌握笔画的变形体。

1. 横

凡运笔方向从左到右和从左下到右上的笔画都包括在"横"中，这和实际写汉字时是一致的。在"横"笔画内，还把"提笔"也看作横。例如"现"字，一般说它是"王"字旁"王"，其最后一笔确切地说不是"横"而是"提"，但是，我们将"横"和"提"归于一类。

提笔"╱"归在横类"一" ⟹ **现 理 班 琪**

2. 竖

凡运笔方向从上到下的笔画都包括在"竖"中。在"竖"笔画内，还把"竖左钩"也看作为竖。例如"利"字的最后一笔是竖钩"亅"，但是，我们将左钩忽略，将其归于竖类。

竖左钩"亅"归在竖类 ⟹ 利 刘 钊 剩

3．撇

凡运笔方向从右上到左下的笔画都包括在"撇"中。其中包括不同角度的撇。

不同角度的撇类"丿" ⟹ 人 和 长 才

4．捺

凡运笔方向从左上到右下的笔画都包括在"捺"中。考虑点的运笔方向，经常把捺缩小为点，所以把点也归为捺类，如"为"字，第一个笔画和最后一个笔画都是"丶"。

捺和点归在捺类"丶" ⟹ 心 级 为 扑

5．折

把所有带转折的笔画（除竖左钩外），都归为"折"。例如，"习"字的"乛"，"与"字的"ㄅ"，"亿"字的"乙"，"乃"字的"㇋"等。折类的变形较多，需要在练习中多加注意。

乙	亿	忆	讫	乁	飞	讯	汽
一	买	今	敢	乛	力	访	成
弓	场	杨	扔	乚	世	忘	继
㇄	以	顿	饱	㇄	瓦	瓶	瓷
乚	礼	尤	毛	丁	永	脉	练
乛	书	伟	违	㇉	与	考	号
㇟	发	该	车	㇈	也	乜	
㇆	片	甲	书	㇂	成	我	茂

厶　专　传　转

5.2.2　汉字的字根

汉字的字根是由若干基本笔画相连，并且结构相对不变的笔画结构。如下所示的各笔画结构都是字根。

戈　串　厂　户　夂　扌　彡

"字根"是五笔字型输入法提出的一个全新的概念，一般来说，字根是有形有意的构字基本单位。不同的字根经过拼形组合，便产生出为数众多的汉字。

字根是由人为规定的，因为要在 25 个键位上安放字根，所以字根的个数就不能太多，五笔字型输入法按照如下规则制订出了 125 个字根。

1．组字能力特别强的偏旁部首

五笔字型输入法把汉字中那些组字能力强，使用频率高的汉字偏旁部首规定为字根，如：王、大、亻 、日、口等字根。

2．特别常用的笔画结构

有些笔画结构虽然不是偏旁部首，但是经常出现在汉字中，如"白"字根就出现在"的、皂、百、伯"等汉字中，因为这些汉字非常多，因此将"白"规定为五笔字型输入法的字根。

提示：

为了减少字根的数量，许多常见的偏旁部首，因为组字能力不强，被拆分成了几个字根，如下面所列出的偏旁部首，都已经不常用了。当遇到它们时，必须将它们继续拆分成字根。

比　风　气　欠　业　岛　穴
聿　皮　老　酉　豆　里　殳
户　龙　足　身　角　麦　食
革　骨　鬼　音　鱼　麻　鹿

5.3　汉字的 3 种字型

如果把同样几个字根，摆放在不同的位置，就可以构成不同的汉字。如"吧"和"邑"、"叭"和"只"等。因此，字根的位置关系也是汉字的一种重要特征信息。

根据构成汉字的各字根之间的位置关系，可以把成千上万的方块汉字归纳为 3 种类型：左右型、上下型、杂合型，并将左右型命名为 1 型，将上下型命名为 2 型，将杂合型命名为 3 型。

汉字的 3 种字型的基本结构，如表 5-2 所示。

表 5-2 汉字的 3 种字型

字型代号	字型	图　示	字　例	特　征
1	左右	⊞	汗、林	字根之间可有间距，总体左右排列
		⊞	嘲、树	
		⊞	经、哄	
		⊞	郭、数	
2	上下	⊟	字、杰	字根之间可有间距，总体上下排列
		⊟	意、莫	
		⊟	花、范	
		⊟	货、华	
3	杂合	▣	固、园	字根之间虽有间距，但不分上下左右浑然一体，不分块
		⊔	凶、出	
		◹	司、句	
		⊓	同、本	

表中杂合型又叫独体字，前两种又统称合体字。合体字又分为双合字和三合字。

● 双合字：由两部分合并在一起的汉字。

● 三合字：由三部分合并在一起的汉字。

提示：

3 种字型的划分是基于对汉字整体轮廓的认识，指的是整个汉字中有着明显界限，彼此可间隔开一定距离的几个部分之间的相互位置关系。

5.3.1　左右型汉字

如果一个汉字能分成有一定距离的左右两部分或左、中、右三部分，则称该汉字为左右型汉字。左右型汉字包括以下两种情况。

1．双合字

一个字可以明显地分成左右两个部分，并且之间有一定的距离。例如：仁、胡、汉、队、双、叫、林、加、伟、故、他等，以下仅列举其中几个合字。

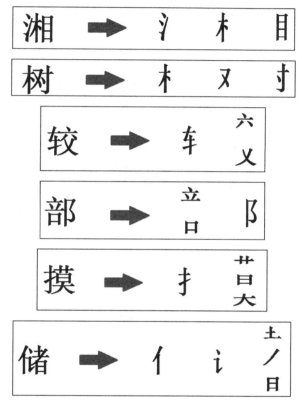

2. 三合字

一个字可以明显地分成左、中、右三个部分，其间有一定距离；或者分成左右两部分，其间有一定距离，而其中的左侧或右侧又可分为上下两部分，每一部分可以是一个基本字根，也可以是由几个基本字根组合而成。例如，湘、树、较、部、摸、储、持、接、结、款、做、淋、韵、附、指等，以下仅列举其中几个三合字。

5.3.2　上下型汉字

如果一个汉字能分成有一定距离的上下两部分或上、中、下三部分，则称该汉字为上下型汉字。上下型汉字包括以下两种情况。

1. 双合字

一个字可以明显地分成上下两层，层与层之间有一定的距离。例如，责、旦、节、看、字、吕、杂等，以下仅列举其中两个双合字。

提示：

两部分之间要有一定的距离，否则就不是上下型，例如"自"，其中的"丿"和"目"虽然可以分成上、下两部分，但是它们之间没有一定的距离，因此不属于上下型。

2．三合字

一个字可以明显地分成上、中、下三层，其间有一定距离；或者分成上下两层，其中的一层又可分为左右两部分，每一部分既可以是一个基本字根，也可以由几个基本字根组合而成。例如，意、花、想、照、赢、蒋、壳、亘、型、荐、华、婴、英等，以下仅列举其中几个三合字。

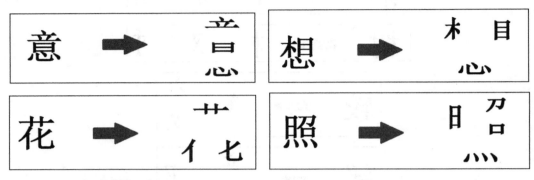

5.3.3 杂合型汉字

如果组成汉字的各个部分没有明显的左右或上下关系，则称此汉字为杂合型汉字。这类汉字主要有内外型汉字和单体型汉字。

1．内外型

由内外字根组成，整字呈包围或半包围状。例如，团、圆、国、困、同、问、区、选、还、司、凶、勺、内、在、左、右、包等。

2．单体型

本身能独立成字。例如，人、八、头、木、天、且、也、才等。

 提示：

要记住汉字的3种字型结构，只需要记住"江南雨"这4个字。其中，"江"字代表左右型汉字，"南"字代表上下型汉字，"雨"字代表杂合型汉字。

第 6 章

五笔字型的字根

6.1 五笔字型的基本字根

字根是由若干笔画交叉连接而形成的相对不变的结构。但是字根不像汉字那样，有公认的标准和一定的数量，哪些结构算字根，哪些不算，历来没有严格界限。

字根是汉字的组成部分，同一个字根可以在较多的汉字中用得到，是这些汉字的相同部分。例如，汉字"加、叮、吞、呈、绍"有相同的部分"口"，汉字"亘、是、旺、借、但"有相同的部分"日"，汉字"炎、灰、耿、炖、碳"有相同的部分"火"。这些相同的部分"口"、"日"、"火"就是字根。

加	叮	吞	呈	绍	➡	口
亘	是	旺	借	但	➡	日
炎	灰	耿	炖	碳	➡	火

 提示：

同一字根在不同汉字中的位置可以不同，但字根的笔画结构是相对不变的。例如，汉字"加、叮、吞、呈、绍"中的字根"口"，有的在右边，有的在左边，有的在下边，有的在上边，有的在右下角。

五笔字型编码方案中，把组字能力强、应用次数多的字根，称为基本字根；而把非基本字根按"单体结构拆分原则"拆分成彼此交连套叠的几个基本字根。这样，就可以说汉字都是由"基本字根"组成的。

6.2 字根键盘分布

五笔字型把优选出的 130 个基本字根，按照其起笔代号，并考虑键位设计需要，分为 5 个区，每个区分为 5 个位，命名为区号位号，以 11～55 共 25 个代码表示，合理地分布在 A～Y（除 Z）共 25 个英文字母键上，形成"字根键盘"，如图 6-1 所示。

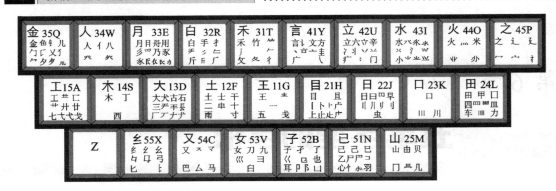

图 6-1　字根键盘分布图

1．字根在键盘上的分布方式

五笔字型字根在键盘上的分布方式是：

（1）将英文键盘上 A～Y 共 25 个键分成 5 个区，区号为 1～5，用字根首笔画的代号作为区号。

（2）每区 5 个键，每个键称为一个位，位号为 1～5。

（3）将每个键的区号作为第一个数字，位号作为第二个数字，将这两个数字组合起来就表示一个键，即"区位号"。

这样，就得到 11～15、21～25、31～35、41～45、51～55 共 25 个键位，其中一区有 27 个基本字根，二区有 23 个，三区有 29 个，四区有 23 个，五区有 28 个，每个键位上一般安排了 2～11 种字根，字体较大的字根是主要字根。

每个键位对应一个英文字母键，11～55 这样的数字称为键位代码，再从具体同一键位代码的一级字根中选出一个有代表性的字根作为键名（每个键位方框左上角的字根就是键名），如图 6-2 所示。

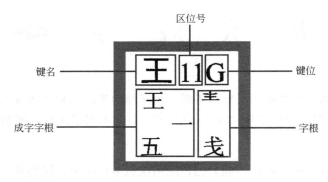

图 6-2　键位组成

2．键名

键名是同一键位上全部字根最有代表性的字根。键名字根位于键面左上角，其本身就是一个有意义的汉字（X 键上的"纟"除外）。

3．同位字根

每个键位上除键名字根外的字根，称为同位字根。同位字根有以下几种：

（1）与键名形似或意义相同。例如，土和士、日和曰、已和己、卄和廿等。

（2）首笔既不符合区号原则，次笔更不符合位号，但与键位上的某些字根有所类同。例如，十和小等。

总体来说，同位字根可分为 3 类：单笔画、成字字根和其他字根。

 判断下面给出字母的区位号。

N（　）	G（　）	Q（　）	U（　）	B（　）
R（　）	L（　）	F（　）	T（　）	P（　）
V（　）	L（　）	O（　）	S（　）	K（　）
E（　）	C（　）	A（　）	H（　）	X（　）
M（　）	I（　）	W（　）	N（　）	Y（　）

6.3　基本字根的排列规律

五笔字型字根在键盘上的排列是有规律的。

1. 字根首笔笔画代号与区号一致

五笔字型把基本字根按第一笔分为 5 个区，对应关系如表 6-1 所示。

表 6-1　五笔字型按起笔进行分区情况

区　号	一　区	二　区	三　区	四　区	五　区
起　笔	横（一）	竖（丨）	撇（丿）	捺（丶）	折（乙）

2. 字根的次笔笔画与位号一致

五笔字型将大多数基本字根按第二笔分在该区的 5 个键位上，如表 6-2 所示。

表 6-2　次笔笔画与位号

第 一 笔 画	第 二 笔 画	键位及编码	示　例
横（一）	横（一）	G　11	戋
	竖（丨）	F　12	士、辛
	撇（丿）	D　13	犬、古、石、厂
竖（丨）	横（一）	H　21	上、止
	折（乙）	M　25	由、贝
撇（丿）	横（一）	T　31	竹、夂
	竖（丨）	R　32	白、斤
	捺（丶）	W　34	人、八
	折（乙）	Q　35	儿、夕
捺（丶）	横（一）	Y　41	言、文、方、广
	竖（丨）	U　42	门
	折（乙）	P　45	之、冖
折（乙）	横（一）	N　51	已、己、尸
	竖（丨）	B　52	也
	撇（丿）	V　53	刀、九

续表

第 一 笔 画	第 二 笔 画	键位及编码	示 例
折（乙）	捺（丶）	C 54	又
	折（乙）	X 55	纟、幺

3. 字根的笔画数与位号一致

五笔字型中，几个字根的笔画数与位号安排一致，如表 6-3 所示。

表 6-3　字根的笔画数与位号

区 号	键 位	笔画字根代码
1区（横区）	G 11	一
	F 12	二
	D 13	三
2区（竖区）	H 21	丨
	J 22	丨丨
	K 23	丨丨丨
	L 24	丨丨丨丨
3区（撇区）	T 31	丿
	R 32	彡
	E 33	彡
4区（捺区）	Y 41	丶
	U 42	冫
	I 43	氵
	O 44	灬
5区（折区）	N 51	乙
	B 52	巛
	V 53	巛

4. 单独记住不符合上述规律的特殊字根

（1）有些形态和渊源一致的字根，被安排在同一键上。例如：

"干、土、士"都放在 F 键上；

"车、田、甲"都放在 L 键上；

"手、扌"都放在 R 键上；

"水、氵、氺"都放在 I 键上；

"之、宀、宝、乀、辶"都放在 P 键上；

"心、忄"都放在 N 键上；

"耳、阝、卩"都放在 B 键上。

（2）字根"力"按其读音的声母被安排在 L 键上。

（3）其他没有规律可循的字根，不一一列举，请读者在实际应用中自己掌握。

指出下列键名字根及同位字根所在的键位。

口（　　）	禾（　　）	日（　　）	八（　　）	田（　　）
土（　　）	刀（　　）	已（　　）	立（　　）	水（　　）
月（　　）	小（　　）	女（　　）	金（　　）	人（　　）
古（　　）	山（　　）	子（　　）	五（　　）	言（　　）
白（　　）	之（　　）	九（　　）	又（　　）	丁（　　）
甲（　　）	目（　　）	金（　　）	火（　　）	辛（　　）
耳（　　）	手（　　）	寸（　　）	工（　　）	西（　　）
斤（　　）	方（　　）	门（　　）	乙（　　）	马（　　）

6.4　基本字根总表

为了更方便地掌握五笔字型基本字根在键盘的分布规律，可以通过五笔字型基本字根总表帮助记忆，如表 6-4 所示。

表 6-4　五笔字型基本字根总表

分区	区位	键位	识别码	标识字根	键名	字　根	字根歌	高频字
一区横起	11	G	㊀	一　㇀	王	王龶一五戋	王旁青头戋五一	一
	12	F	㊁	二	土	土士干二𠀎十雨寸	土士二干十寸雨	地
	13	D	㊂	三	大	大犬古石三𡗗手镸厂丆ナ𠂇	大犬三手（羊）古石厂	在
	14	S			木	木丁西	木丁西	要
	15	A			工	工艹匚廾廿七弋戈	工戈草头右框七	工
二区竖起	21	H	ⓛ	丨　亅	目	目且丨卜⺊⺁上止⺊⺁	目具上止卜虎皮	上
	22	J	ⓛⓛ	刂刂刂刂	日	日曰⺜早刂刂刂刂虫	日早两竖与虫依	是
	23	K	ⓛⓛⓛ	川　川	口	口川川	口与川，字根稀	中
	24	L		川	田	田甲囗四罒罒皿车川力	田甲方框四车力	国
	25	M			山	山由贝冂⺆几	山由贝，下框几	同
三区撇起	31	T	㊀	丿　𠂉	禾	禾竹⺮丿攵夂彳	禾竹一撇双人立 反文条头共三一	和
	32	R	㊁	彡　厂	白	白手扌𡗗彡𠂉斤斤厂	白手看头三二斤	的
	33	E	㊂	彡　爫	月	月⺝舟用彡爫乃豕豸𧘇㇂⺕	月彡（衫）乃用家衣底	有
	34	W			人	人亻八癶癶	人和八，三四里	人
	35	Q			金	金鱼钅儿勹𠂆乂犭𠂊夕⺈儿	金勺缺点无尾鱼，犬旁留儿 一点夕，氏无七（妻）	我
四区捺起	41	Y	㊀	丶　㇏	言	言讠文方丶亠亠主广㇏	言文方广在四一 高头一捺谁人去（主）	主
	42	U	㊁	冫丬丷	立	立六立辛冫丬丷䒑疒冫门	立辛两点六门病（疒）	产
	43	I	㊂	氵　⺍	水	水⺢氺⺢氵⺍小⺌⺌⺌	水旁兴头小倒立	不
	44	O		灬	火	火灬米业⺣	火业头，四点米	为
	45	P			之	之辶廴冖宀礻	之宝盖，摘礻（示）衤（衣）	这

续表

分区	区位	键位	识别码	标识字根	键名	字　　根	字根歌	高频字
五区折起	51	N	乙	乙	已	已己巳乙尸尸⺘心忄㣺羽	已半巳满不出己 左框折尸心和羽	民
	52	B	巛	巛	子	子子了巛㔾也耳卩凵	子耳了也框向上	了
	53	V	巛	巛	女	女刀九巛彐臼	女刀九臼山朝西（彐）	发
	54	C		又	又	又ス マ巴厶马	又巴马，丢矢矣（厶）	以
	55	X		纟	纟	纟纟幺纟 弓匕匕	慈母无心弓和匕（口） 幼无力（幺）	经
"乙"代表的各类折笔						顺时针　乛⺄フ⺄乁乁ㄅㄅㄋㄋ		
						逆时针　乚乚ㄥㄥㄑㄑㄣㄣ		

该表给出了区号、位号，由区号、位号组成的代码和键位所对应的字母，每个字母所对应的笔画、键名、基本字根，以及帮助记忆基本字根的口诀等。

 提示：

在记忆每个键所包含字根的过程中，一定要注意其内在的规律性，通过理解来记住字根总表，切忌死记硬背。首先要看一个字根的第一笔画究竟是属于"横、竖、撇、捺、折"的哪一种，这样就可以知道这个字根在哪一个区，最后再看它在哪个键位上，一般情况下考虑字根的第二个笔画，如字根"土"，它的第二笔画为"竖"，其代号为 2，则将其放在第二个键位上。

6.5　五笔字型字根助记词

对于初学者，要死记上述字根键位确实不容易，为了便于学习和记忆，五笔字型对每个区的字根都编写了助记词，其中每句的第一个字，就是对应键位上的"键名"汉字。

6.5.1　第一区字根（横起区）

第一区字根（横起区），如图 6-3 所示。

图 6-3　第一区（横起区）字根

G 键（11）：王旁青头戋五一
　　　　　　（"青头"指"青"字的头，即"龶"）

F 键（12）：土士二干十寸雨
　　　　　　（字根"中"在助记词中未提及，需特殊记忆）

D 键（13）：大犬三羊（羊）古石厂

（“羊”指羊字底“𦍌”）

S键（14）：木丁西

A键（15）：工戈草头右框七

（“草头”指“草”字头，即字根“廾”；“右框”即“匚”）

6.5.2 第二区字根（竖起区）

第二区字根（竖起区），如图6-4所示。

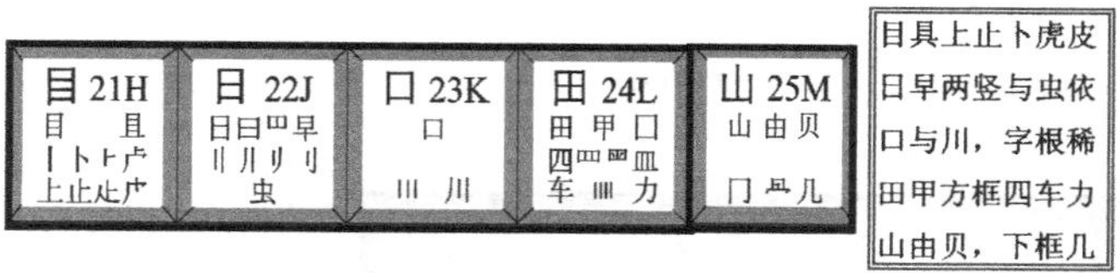

图6-4 第二区（竖起区）字根

H键（21）：目具上止卜虎皮

（“具上”指“且”；虎皮指“广广”）

J键（22）：日早两竖与虫依

（“日”指“日”及横着的字根“罒”；“两竖”指字根“刂”、“川”、“刂”和“刂”）

K键（23）：口与川，字根稀

（“川”包括字根“川”、“川”）

L键（24）：田甲方框四车力

（“方框”指字根“囗”，即内外结构一类汉字，与口字不同）

M键（25）：山由贝，下框几

（字根“𠙽”未提及，需特殊记忆；“下框”指方框开口向下，即字根“冂”）

6.5.3 第三区字根（撇起区）

第三区字根（撇起区），如图6-5所示。

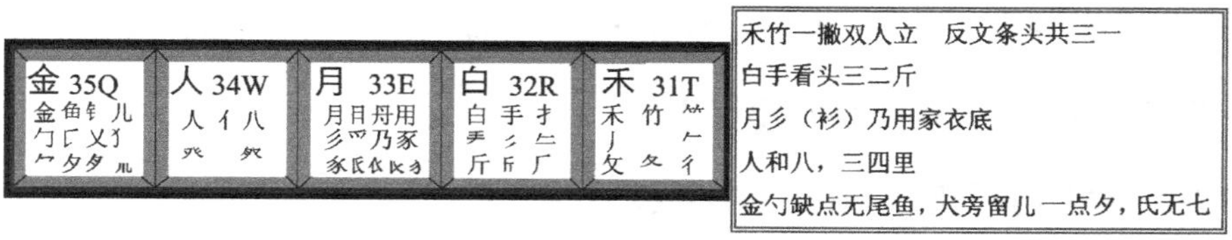

图6-5 第三区（撇起区）字根

T键（31）：禾竹一撇双人立，反文条头共三一

（“竹”还包括“⺮”；“双人”指字根“彳”；“反文”指字根“攵”；“条头”指字根“夂”）

R键（32）：白手看头三二斤

（“手”指字根“手”和“扌”；“看头”指字根“𠂒”和“𠂆”）

E键（33）：月彡（衫）乃用家衣底

（字根“丹”和“⺍”未提及，需特殊记忆；“家衣底”指“家”和“衣”的下部，即字根"豕"和"亻"）

W键（34）：人和八，三四里

（"灬"和"癶"未提及，需特殊记忆）

Q键（35）：金勺缺点无尾鱼，犬旁留儿一点夕，氏无七（妻）

（"勺缺点"指字根"勹"；"无尾鱼"指字根鱼；"犬旁"指字根"犭"，与"乂"形似，可一同记忆；"氏无七"指字根"匚"）

6.5.4　第四区字根（捺起区）

第四区字根（捺起区），如图6-6所示。

言文方广在四一　高头一捺谁人去
立辛两点六门病（疒）
水旁兴头小倒立
火业头，四点米
之宝盖，摘衤（礻）衤（衣）

图6-6　第四区（捺起区）字根

Y键（41）：言文方广在四一，高头一捺谁人去（圭）

（"高头"指字根"亠"、"言"；"谁人去"指字根"讠、圭"）

U键（42）：立辛两点六门病（疒）

（"两点"指字根"冫"、"丬"、"丷"、"亠"等）

I键（43）：水旁兴头小倒立

（"水"指字根"水"、"氵"、"氺"、"水"；"兴头"指字根"⺌"、"⺍"；"小倒立"指字根"⺌"和"⺍"）

O键（44）：火业头，四点米

（"业头"指字根"⺌"；"四点"指字根"灬"和"⺌"）

P键（45）：之宝盖，摘礻（示）衤（衣）

（"之"指字根"之"、"廴"、"辶"；"宝盖"指字根"宀"、"冖"；"摘礻衤"指示字旁"礻"和衣补旁"衤"去掉"丶"、"乀"后的"衤"）

6.5.5　第五区字根（折起区）

第五区字根（折起区），如图6-7所示。

已半巳满不出己　左框折尸心和羽
子耳了也框向上
女刀九臼山朝西
又巴马，丢矢矣
慈母无心弓和匕　幼无力

图6-7　第五区字根（折起区）

N键（51）：已半巳满不出己，左框折尸心和羽

（"已半巳满不出己"指字根"已"、"己"、"巳"，形似可一同记忆；

"左框"指字根"コ"；"折"指字根"乙"、"乚"、"乛"、"乚"等；

"心"指字根"心"和"忄"）

B 键（52）：子耳了也框向上

　　　　　　（"框向上"指字根"凵"）

V 键（53）：女刀九臼山朝西

　　　　　　（"山朝西"指字根"彐"）

C 键（54）：又巴马，丢矢矣

　　　　　　（"矣"去"矢"为"厶"）

X 键（55）：慈母无心弓和匕，幼无力

　　　　　　（"母无心"指字根"口"；"幼无力"指字根"幺"）

6.6　总结规律帮助记忆

学习五笔字型输入法，记住字根是关键，五笔字型的字根分配是比较有规律的，主要体现在以下几点。

1. 部分字根与键名汉字形态相近

键名汉字是该键位的键面上所有字根中最具代表性的，即每条助记词的第一个字。25 个键位每键都对应一个键名汉字，因此，五笔字型把键名相同的字根（如：N 键上的心、忄，I 键上的水、氵等）、形态相近的字根（如：A 键上的卝、廾、廿，已、己、巳等）、便于联想的字根（如：B 键上的耳、阝、卩等）定义在同一个键位上，编码时使用一个代码即同一个字母或区位码。

 提示：

与键名汉字形态相近、便于联想的字根举例。

键　位	键名汉字	近似字根	键　位	键名汉字	近似字根
G 键	王	五	D 键	大	犬
P 键	之	辶	L 键	田	四
W 键	人	八	F 键	土	士

2. 字根首笔笔画代号与区号一致，次笔笔画与位号一致

第一笔为横，次笔是横，在 G 键（编码 11），如"戋"

　　　　　　次笔是竖，在 F 键（编码 12），如"十"

　　　　　　次笔是撇，在 D 键（编码 13），如"厂"

第一笔为竖，次笔是横，在 H 键（编码 21），如"止"

　　　　　　次笔是折，在 M 键（编码 25），如"贝"

第一笔为撇，次笔是横，在 T 键（编码 31），如"竹"

　　　　　　次笔是竖，在 R 键（编码 32），如"白"

　　　　　　次笔是捺，在 W 键（编码 34），如"八"

　　　　　　次笔是折，在 Q 键（编码 35），如"儿"

第一笔为捺，次笔是横，在 Y 键（编码 41），如"广"

次笔是竖，在 U 键（编码 42），如"门"

次笔是折，在 P 键（编码 43），如"之"

第一笔为折，次笔是横，在 N 键（编码 51），如"已"

次笔是竖，在 B 键（编码 52），如"也"

次笔是撇，在 V 键（编码 53），如"九"

次笔是捺，在 C 键（编码 54），如"又"

次笔是折，在 X 键（编码 55），如"纟"

3．字根的笔画数与位号一致

单笔画"一丨丿丶乙"都在第一位，两个单笔画的复合笔画如"二、刂、冫、氵、巛"都在第二位，三个单笔画复合起来的字根"三、川、氵、彡、巛"，其位号都是 3，以此类推。它们的排列规律如图 6-8 所示。

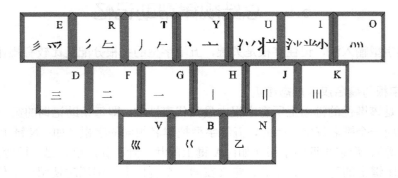

图 6-8　笔画排列规律

 提示：

还有 12 个不符合上述 3 个规律的字根，需另外记忆，它们是 S 键上的"丁、西"；A 键上的"七"；X 键上的"力"；N 键上的"忄、心、羽"；C 键上的"马"等。

4．框形字根的分布

仔细观察文字中的各种框形字根的分布并加强记忆，方框"囗"在 L 键上，"凵"在 B 键上，下框"冂"在 M 键上，左框"コ"在 N 键上，右框"匚"在 A 键上，如图 6-9 所示。

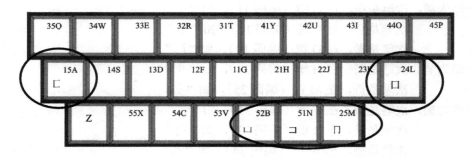

图 6-9　方框字根的分布

6.7　字根的对比记忆

记住了基本字根，再把那些与基本字根相似的辅助字根进行对比记忆，就可以彻底记住所有字根。由于辅助字根与基本字根非常相似，所以把它们放在一起进行对照记忆，对照表 6-5 多看几遍，就能通过一个辅助字根，马上联想到相应的基本字根，从而达到彻底记住所有字根的目的。

表6-5　基本字根与辅助字根对照表

基本字根	辅助字根	基本字根	辅助字根	基本字根	辅助字根
戈	弋	干	扌	犬	大
‖	‖ 刂	四	罒 罓	夕	夂 夕
川	巛	金	钅	癶	夊
彳	亻	手	扌 手	斤	厂 斤
水	氺	小	⺌	⺍	少
宀	冖	己	已 巳	阝	耳、卩
匕	ヒ	乙	所有折笔	上	卜 忄
六	立	灬	灬 灬	心	忄 小
子	孑 了	廿	廿 卅 㠯	厂	广 尢 丆
又	マ ス ム	日	曰 四	儿	丿几
豕	豕 夕	丄	屮	辶	之 廴
纟	幺 纟	月	冂 用	尸	尸
止	龰				

6.8　易混字根对比记忆及辨析

在字根中有许多字根很相近，这是初学者在拆字过程中最大的困扰。其实要解决这个问题并不困难，只要对较容易混淆的字根仔细分辨一下即可。下面通过几种比较易混淆的字根进行简单的辨析。

1．"癶"和"夗"

"癶"和"夗"这两个字根乍一看十分相近，在拆字过程中，如果混淆了这两个字根，就会发现很多字根本无法拆出正确的字根，更谈不上输入了。

"癶"字根在字母 W 键上；"夗"则是由两个基本字根组成的，即"夕(Q)、巳(B)"。例如：

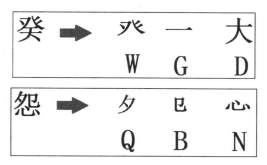

仔细分辨这两个字根，找出类似的字，细心地进行对比，不难发现它们的区别，这样在拆字过程中也能提高速度。

2．"匕"和"七"

"匕"和"七"这两个字根看上去也很相似，拆分时要注意它们的起笔不同，字根所在的区位与起笔有关。例如：

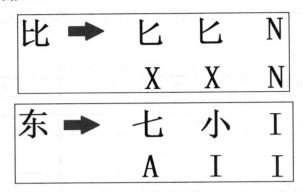

使用"匕"和"七"这两个字根拆字的汉字也有不少，在拆分过程中遇到类似的字根可按例字给出的方法进行拆分。

3．"厶"和"乙"

"厶"和"乙"这两个字根虽然只有一"、"之差，但是如果不细加区分，拆字时也会造成错误，无法拆分需要的汉字。其中，"厶"在C键位上，"乙"在N键位上。例如：

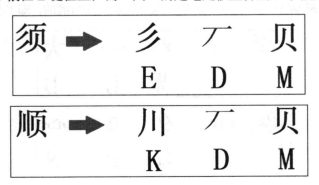

4．"彡"和"川"

"彡"和"川"这两个字根虽然在字形上非常相近，但它们的使用还是有很大区别的。"彡"的起笔走向是撇，字根在E键位上；而"川"的起笔是按竖算的，字根则在K键上。例如：

须 ➡ 彡 厂 贝
　　　E　D　M

顺 ➡ 川 厂 贝
　　　K　D　M

5. "圭"和"宔"

"圭"和"宔"如果不仔细观察，能看清楚它们的不同吗？"圭"字根由两个一样的基本字根"土"组合而成，它的输入方法是连击两次 F 键；而"宔"则是一个基本字根，它的键位是 Y。例如：

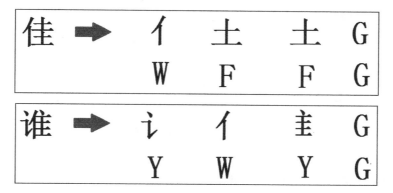

6. "弋"和"戈"

"弋"和"戈"也是非常形近的一组字根，它们的位置都在 A 键上，输入过程中即使当时分不清楚，也不至于影响拆字。

它们使用上的区别主要体现在最末笔的识别上，"弋"的最末一笔为"、"；"戈"的最末一笔是"丿"。初学者一定要分清楚这类区别。例如：

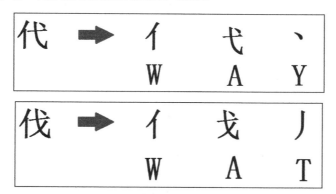

7. "手"和"手"

"手"和"手"这两个字根如果不仔细分，几乎是一样的。其实不然，"手"的起笔走向是撇，该字根位于 R 键；"手"的起笔走向是横，位于 D 键上。例如：

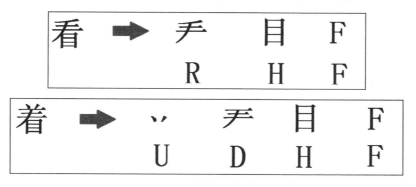

8.“月”和“且”

“月”字根在键位 E 上，而“且”字根在 H 键上。这两个基本字根是很容易区分的，但在拆字过程中，容易出现拆分错误。例如：

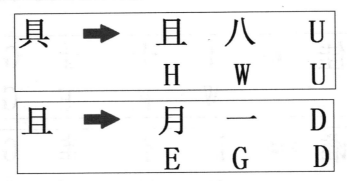

 根据辅助字根的提示，写出它们同键位上的基本字根和对应的字母键。

辅 助 字 根	基 本 字 根	字 母 键	辅 助 字 根	基 本 字 根	字 母 键
弋			厶		
厂			マ		
又			八		
豕			才		
夕			刂		
用			钅		
尸			耂		
手			匕		
囬			ﾌ		
丬			小		
耳			幺		
巴			广		
冂			孑		
廿			乂		
巳			皿		
囗			卜		

第 7 章

单字输入

由字根通过连或交的关系形成汉字的过程是一个正过程，现在要学习的则是它的逆过程，即拆字。拆字就是把任意一个汉字拆分成几个基本字根，这也是五笔字型输入法在计算机中输入汉字的过程。

7.1 汉字拆分原则

7.1.1 字根间的结构关系

在五笔字型输入法中，许多汉字是由 1~4 个字根组成的。字根间的位置关系可以分为 4 种类型，通俗地称为"单、散、交、连"，如表 7-1 所示。

表 7-1 4 种字根结构关系

类　型	特　　点	例　　字
单	单独成为汉字的字根	口、木、山、田、马、金、王、五
散	构成汉字的字根之间保持一定的距离	吕、足、识、汗、张、汉、江、字、照
交	几个基本字根交叉套叠	果、必、本、里、申、丙、夷
连	一个基本字根连一单笔画	且、尺、自、千、太、下、入

1．"单"字根结构

构成汉字的字根只有一个，即该字根本身就是一个汉字。例如，口、木、山、田、马、金、王、五等。

2．"散"字根结构

构成汉字的基本字根之间保持一定的距离。例如，吕、足、认、识、汗、张、汉、江、字、照、李、易等。它们的位置关系分别属于左右、上下型。

3．"交"字根结构

由两个或多个字根交叉叠加而成的汉字，主要特征是字根之间部分笔画重叠。例如，"果"由"日"交"木"而成，即"日、木"；"必"由"心"交"丿"而成，即"心、丿"。

4．"连"字根结构

一个基本字根与一单笔画相连。五笔字型中字根间的相连关系是指以下两种情况。

（1）单笔画与某基本字根相连，其中此单笔画连接的位置不限，可上可下，可左可右。

例如：

千：丿连十　　　　不：一连小　　　　主：、连王
自：丿连目　　　　尺：尸连乀　　　　且：月连一
下：一连卜　　　　入：丿连乀　　　　产：立连丿

单笔画与基本字根有明显间距者不认为相连。例如，旧、乞、个、少、么、旦、幻等。

（2）带点结构认为相连。例如，术、勺、主、义、头、斗等。这些字中的点以外的基本字根其间可连可不连，可稍远也可稍近。

提示：

（1）散结构汉字只属于左右型、上下型。

（2）孤立点与基本字根之间一律按相连关系处理。如：主、义、卞等。另外，"连"字根结构只能是杂合型汉字。

（3）一切由基本字根交叉构成的汉字，基本字根之间是没有距离的。因此，这一类汉字的字型一定是杂合型。

指出下列汉字字根间的结构关系。

下（　　）	份（　　）	树（　　）	肖（　　）	周（　　）
用（　　）	家（　　）	求（　　）	有（　　）	心（　　）
佑（　　）	回（　　）	叉（　　）	草（　　）	追（　　）
似（　　）	爱（　　）	乐（　　）	肖（　　）	陈（　　）

7.1.2　汉字拆分的基本原则

五笔字型汉字编码的形成取决于对汉字的正确拆分。根据汉字类型，其拆分的基本原则，如表7-2所示。

表7-2　汉字拆分的基本原则

汉 字 分 类		基 本 原 则	例　字
字根汉字	键名汉字	不用拆分	金、又、王、大、目、白
	成字字根	按单笔画拆分	五、雨、西、斤、文
合体字		拆分成字根	果、午、于、天、生、主、自、较

1．字根汉字

字根汉字是由单个字根组成的汉字，分别是键名汉字和成字字根。

（1）键名汉字

每个键位上的第一个字根，即"助记词"中打头的那个字根，称为键名汉字，也称为主字根。这类汉字不用拆分，如金、又、王、大、目、白等。

（2）成字字根

除键名字根外，本身也可成为汉字的字根，称为成字字根。这类汉字按单笔画拆分，如

五、雨、西、斤、文等。

2．合体字

除了以上所讲的字根汉字外，其他所有的汉字都是由几个字根组成的，称为合体字。输入合体字时，首先必须将其拆分成字根，拆分时应遵循"书写顺序，取大优先，兼顾直观，能散不连，能连不交"。

（1）遵循书写顺序

"书写顺序"原则是指按照汉字正确的书写顺序，拆分为已有的基本字根。书写顺序通常为从左到右、从上到下、从外到内拆分。例如：

衷 ➡ 衷 衷 衷 衷 （√）
衷 衷 衷 衷 （×）

（2）取大优先

按书写顺序拆分汉字时，应当以"再添加一笔画便不能称其为字根"为限度，每次都拆取一个"尽可能大"的，即"尽可能笔画多"的字根。例如：

世 ➡ 世 世 （√）
世 世 世 （×）

 提示：

按照取大优先的原则，"未"字和"末"字都能拆成"二、小"。五笔字型输入法规定："未"字拆成"二、小"，而"末"字拆为"一、木"，以区别这两个字的编码。

（3）兼顾直观

拆分汉字时，为了照顾汉字字根的完整性，有时不得不暂且牺牲一下"书写顺序"和"取大优先"原则，形成少数例外的情况。例如，"固"字和"自"字的拆分方法就与众不同。

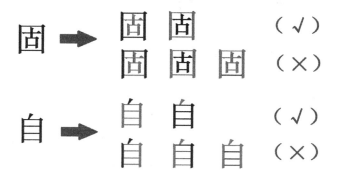

固 ➡ 固 固 （√）
固 固 固 （×）

自 ➡ 自 自 （√）
自 自 自 （×）

 提示：

"固"字按"书写顺序"应该拆分为"冂、古、一"，但是这样拆，破坏了汉字构造的直观性，所以只好违背"书写顺序"，拆作"口、古"（而且这样拆符合字源）。"自"字按"取大优先"原则，应拆成"丿、乙、三"，但这样拆，不仅不直观，而且也有悖于"自"字的字源。这个字的意思是"一个手指指着鼻子"，故只能拆成"丿、目"，这叫"兼顾直观"。

（4）能散不连

"能散不连"原则是指拆分时能拆分成"散"结构的字根，就不拆分成"连"结构的字根。例如：

 提示：

"能散不连"在汉字拆分时主要用来判断汉字的字型，字根间按"散"处理，便是上下型；按"连"处理，则是杂合型。

（5）能连不交

"能连不交"原则，是指能拆分成"连"字根结构的，就不拆分成"交"字根结构。因为，一般来说，"连"比"交"更为直观。例如：

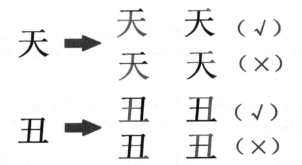

 按五笔字型拆字原则，拆出下列汉字的字根。

围（ ）	追（ ）	琪（ ）
失（ ）	走（ ）	亩（ ）
鱼（ ）	交（ ）	刁（ ）
启（ ）	电（ ）	卫（ ）
夹（ ）	充（ ）	戒（ ）
花（ ）	飞（ ）	绒（ ）

7.2 键面汉字的输入

输入单个汉字时，五笔字型将汉字编码规则分为两类：键面上有的汉字与键面上没有的汉字。

键面上有的汉字包括：键名字根汉字和成字字根。例如，G 键上有的汉字是：键名"王"，成字字根"五"、"一"、"戈"。5 种基本笔画中，"一"和"乙"有汉字意义，也属于键盘上有的汉字。

7.2.1 键名汉字的输入

键名汉字是组字频率高、形体上有一定代表性的字根。键名汉字的输入方法是：将所在键连击 4 次。

五笔字型中的 25 个键名汉字，如图 7-1 所示。

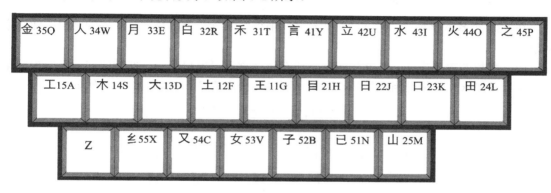

图 7-1 键名汉字

键名汉字输入示例如表 7-3 所示。

表 7-3 键名汉字的输入示例

	1 位		2 位		3 位		4 位		5 位	
	键名	编码	键名	编码	键名	编码	键名	编码	键名	编码
一区	王	GGGG	土	FFFF	大	DDDD	木	SSSS	工	AAAA
二区	目	HHHH	日	JJJJ	口	KKKK	田	LLLL	山	MMMM
三区	禾	TTTT	白	RRRR	月	EEEE	人	WWWW	金	QQQQ
四区	言	YYYY	立	UUUU	水	IIII	火	OOOO	之	PPPP
五区	已	NNNN	子	BBBB	女	VVVV	又	CCCC	纟	XXXX

 提示：

有些键名汉字也是简码，不用击全 4 次就可输入，只要在输入过程中，注意看一下输入法状态条上的提示即可。

写出下列键名汉字的编码，并反复进行输入练习。

王（　　）	土（　　）	大（　　）	工（　　）
目（　　）	日（　　）	口（　　）	山（　　）
禾（　　）	白（　　）	月（　　）	人（　　）
金（　　）	言（　　）	立（　　）	水（　　）
火（　　）	之（　　）	己（　　）	子（　　）
女（　　）	又（　　）	纟（　　）	白（　　）
子（　　）	月（　　）	言（　　）	田（　　）
目（　　）	土（　　）	王（　　）	火（　　）

7.2.2 成字字根的输入

在 130 个基本字根中，除了 25 个键名字根外，还有几个本身也是汉字的字根，即成字字根。

成字字根的输入方法是：首先击一下所在键（称为"报户口"），然后取该成字字根的第一、第二及最末一个笔画组成编码。不足 4 码时，击空格键作为编码结束。例如：

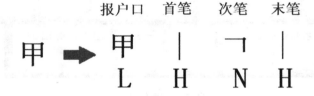

1. 恰好 3 画

成字字根恰好 3 画时，报户口后依次输入单笔画即可。例如：

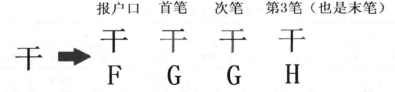

2. 超过 3 画

成字字根超过 3 画时，报户口后依次输入第一、第二及末笔画即可。例如：

3. 不足 3 画

成字字根不足 3 画时，报户口后依次输入第一、第二笔，然后再打一个"空格键"即可。例如：

报户口　第一笔　第二笔　补空格

厂 ➡ 厂　厂　厂

D　G　T　空格

在括号内填入下面成字字根对应的编码，并反复进行输入练习。

早（　　）	贝（　　）	几（　　）	了（　　）
米（　　）	臼（　　）	广（　　）	干（　　）
戈（　　）	由（　　）	羽（　　）	寸（　　）
儿（　　）	巳（　　）	虫（　　）	辛（　　）
手（　　）	刀（　　）	丁（　　）	几（　　）
雨（　　）	九（　　）	文（　　）	方（　　）
由（　　）	贝（　　）	竹（　　）	用（　　）
小（　　）	石（　　）	斤（　　）	六（　　）
匕（　　）	米（　　）	巴（　　）	西（　　）
六（　　）	乃（　　）	戈（　　）	皿（　　）
车（　　）	雨（　　）	上（　　）	四（　　）
八（　　）	犬（　　）	三（　　）	止（　　）
门（　　）	米（　　）	巴（　　）	古（　　）
马（　　）	小（　　）	力（　　）	广（　　）
文（　　）	九（　　）	早（　　）	辛（　　）

7.2.3　5 种单笔画的输入

在成字字根中，还有 5 种单笔画，作为成字字根的一个特例，它的编码有特殊规定：将单笔画所在键击两次后，再击两个 L 键。这是因为单笔画并不是常用的汉字，加 2 个"后缀" L 键，用于区别常用汉字的简化输入，如表 7-4 所示。

表 7-4　5 个单笔画的编码

单　笔　画	编　　码	单　笔　画	编　　码
一	GGLL	、	YYLL
丨	HHLL	乙	NNLL
丿	TTLL		

7.3　键外字的输入

凡是字根总表上没有的汉字，即"表外字"或"键外字"，都可认为是"由字根拼合而成的"，故称为合体字。

绝大多数汉字由基本字根与单笔画或几个字根组成，这些汉字称为键面以外的汉字。绝大多数汉字都是键面以外的汉字。键外字的输入分为下面3种情况。

7.3.1　4个字根的汉字

按汉字的书写笔画顺序拆分成4个字根，再依次输入字根编码即可。例如：

照 ➡ 照 照 照 照
　　　J　V　K　O

能 ➡ 能 能 能 能
　　　C　E　X　X

又如：

规：二、人、冂、儿，编码为：FWMQ。
律：彳、彐、二、丨，编码为：TVFH。
舷：丿、舟、亠、幺，编码为：TEYX。
型：一、卅、刂、土，编码为：GAJF。
廖：广、羽、人、彡，编码为：YNWE。
容：宀、八、人、口，编码为：PWWK。
炳：火、一、冂、人，编码为：OGMW。
重：丿、一、日、土，编码为：TGJF。
模：木、卅、日、大，编码为：SAJD。
蕴：卅、纟、日、皿，编码为：AXJL。
两：一、冂、人、人，编码为：GMWW。
亟：了、口、又、一，编码为：BKCG。
磣：石、厶、大、彡，编码为：DCDE。
茨：卅、冫、夂、人，编码为：AUQW。

7.3.2　超过4个字根的汉字

超过4个字根的汉字要进行"截长"处理，即将汉字拆出若干个基本字根后，依次取该汉字的第一、第二、第三和最末一个字根组成编码。例如：

露 ➡ 露 露 露 露
　　　F　K　H　K

输 ➡ 输 输 输 输
　　　L　W　G　J

又如：

疆：弓、土、一、一，编码为：XFGG。

微：彳、山、一、攵，编码为：TMGT。

德：彳、十、罒、心，编码为：TFLN。

喝：口、日、勹、乙，编码为：KJQN。

侯：亻、宀、斤、八，编码为：WPRW。

操：扌、口、口、木，编码为：RKKS。

莼：艹、纟、一、乙，编码为：AXGN。

编：纟、丶、尸、艹，编码为：XYNA。

器：口、口、犬、口，编码为：KKDK。

7.3.3 不足 4 个字根的汉字

五笔字型输入法规定无论是汉字还是词组，其编码位数都是四位，但是有些汉字所有的字根个数加起来都不足四位，如"故"字只有 2 个字根，"做"字只有 3 个字根。为了补全四位编码，需要在这些汉字原编码后再打一个识别码。

1．识别码

识别码是由汉字最后一笔的笔画编号和字型结构的编号组成交叉代码，交叉代码所对应的英文字母就是识别码。

（1）识别码的判断

判断汉字识别码时，只需要掌握汉字的两个信息即可，一个是汉字的末笔画，另一个就是汉字的字型。

识别码的判断规则：先判断汉字的末笔画，找到末笔画的数字代号，然后依据汉字的字型确定汉字的字型代号，将末笔画代号与字型代号组合而成的区位号就是汉字的识别码（末笔画代号为区号，字型代号为位号）。

例如，"故"字，末笔画是"捺"，代号是 4；字型为左右型，代号为 1。因此，识别码的区号是 4，位号是 1，区位号是 41，区位号是 41 的键位是 Y。所以，Y 键是"故"字的识别码。

又如，"位"字，末笔画是"横"，代号为 1；字型为左右型，代号为 1。因此，识别码的区号是 1，位号是 1，区位号是 11，区位号是 11 的键位是 G。所以，G 键是"位"字的识别码。

（2）构成识别码的规则

汉字的末笔画有 5 种（横 1、竖 2、撇 3、捺 4、折 5），汉字字型有 3 种（左右型 1、上下型 2、杂合型 3），因此汉字的识别码共有 15 种，如表 7-5 所示。

表 7-5 识别码

	左右型（1）		上下型（2）		杂合型（3）	
横（1）	11	G	12	F	13	D
竖（2）	21	H	22	J	23	K
撇（3）	31	T	32	R	33	E
捺（4）	41	Y	42	U	43	I
折（5）	51	N	52	B	53	V

（3）左右型汉字识别码举例

对于左右型汉字的识别码，举例如下：

汉字	字型	字型代码	末笔	末笔代码	区位码	识别码
洒	左右型	1	横	1	11	G
汀	左右型	1	竖	2	21	H
沐	左右型	1	捺	4	41	Y

（4）上下型汉字的识别码举例

对于上下型汉字的识别码，举例如下：

汉字	字型	字型代码	末笔	末笔代码	区位码	识别码
奋	上下型	2	横	1	12	F
只	上下型	2	捺	4	42	U
气	上下型	2	折	5	52	B

（5）杂合型汉字的识别码

对于杂合型汉字的识别码，举例如下：

汉字	字型	字型代码	末笔	末笔代码	区位码	识别码
升	杂合型	3	竖	2	23	K
国	杂合型	3	捺	4	43	I
万	杂合型	3	折	5	53	V

提示：

如果不想记忆的话，可按以下步骤判断该用什么识别码：

（1）判断汉字的结构。

（2）根据汉字的末笔画判断识别码在哪一个区。

（3）结合汉字的结构与汉字的末笔画确定其识别码。其规则如下：

末 笔 画	汉字结构	识 别 码	实 例
横	左右	G	借
	上下	F	全
	杂合	D	里
竖	左右	H	部
	上下	J	章
	杂合	K	匠
撇	左右	T	伐
	上下	R	笺
	杂合	E	必
捺	左右	Y	认
	上下	U	定
	杂合	I	叉

续表

末 笔 画	汉字结构	识 别 码	实 例
折	左右	N	孔
	上下	B	岂
	杂合	V	无

写出下列汉字的识别码。

汉 字	识 别 码	汉 字	识 别 码
析		回	
灭		备	
杠		硒	
未		斩	
杂		切	
香		借	
部		认	
全		匠	

2. 末笔的特殊约定

在使用识别码输入汉字时，对汉字的末笔有如下一些约定。

（1）为了有足够多的区分能力，对"辶、廴"的字和全包围的字，它们的末笔一律取包围部分的末笔。例如：

迎 ➡ 迎 迎 迎 迎 ←末笔

（2）被全包围的汉字，如被"口"包围的汉字，它们的末笔为被包围部分的末笔。例如：

烟 ➡ 烟 烟 烟 烟 ←末笔

（3）汉字"九、刀、七、力、匕"等末笔为折。例如，幼、男、花等。

幼 ➡ 幼 幼 幼 ←末笔

（4）带单独点的字，如"义、太"等，我们把点当作末笔，并认为点与附近的字根是"连"的关系，为杂合型，识别码为字母 I。例如：

太 ➡ 太 太 太 ←末笔

（5）"我、戋、成"等字的末笔，按"从上到下"的原则，一律规定末笔为撇。如"我"字，最后一个字根是"丿"，编码是TRNT；而"贱"的基本编码是MG，末笔为"戋"字根的"丿"，字型为1，所以识别码为31，即MGT。

💡 **提示：**

知道了末笔的约定，就可以正确地判断文字的识别码了。在学习五笔输入法的过程中，识别码的判断是一个难点，虽然只有很少的字需要识别码，但是为了提高录入速度，还是要掌握这部分内容。

3．两个编码的汉字输入

如果一个汉字拆分后的字根数目只有两个，那么就按照拆分顺序，录入拆分出的字根对应的第一个编码、第二个编码，然后加一个识别码，就能输入汉字了。

两个编码的汉字输入	第一码	第一个字根
	第二码	第二个字根
	第三码	识别码

例如，"万"字拆成"丆"和"乙"两个字根，按照规则应取这两个字根的编码，然后再加一个识别码V，因此，"万"字的五笔字型编码为DNV。

万 ➡ 万 万
D　N　V（识别码）

又如，
元：二、儿，识别码：2折（末笔折、上下型2），编码：FQB。
洒：氵、西，识别码：1横（末笔横、左右型1），编码：ISG。
字：宀、子，识别码：2横（末笔横、上下型2），编码：PBF。
沐：氵、木，识别码：1点（末笔点、左右型1），编码：ISY。

4．三个编码的汉字输入

如果一个汉字拆成的字根数目有3个，那么就按照拆分的顺序，击打拆分出的字根所对应的第一个编码、第二个编码、第三个编码，然后再加一个识别码。

例如，"略"字拆成"田、夂、口"3个字根，按照规则取3个字根的编码，然后再加一个识别码G。因此，"略"字的五笔字型编码为LTKG。

略 ➡ 略 略 略
L　T　K　G（识别码）

又如，"同"字拆成"冂、一、口"3个字根，按照规则取这3个字根的编码，然后再加一个识别码G，因此，"同"字的五笔字型编码为MGKD。

同 ➡ 同 同 同
M G K D（识别码）

再如，

串：口→口→丨，识别码：3 竖（末笔竖、杂合型 3），编码：KKHK。

沥：氵、厂、力，识别码：1 折（末笔折、左右型 1），编码：IDLN。

周：冂、土、口，识别码：3 横（末笔横、杂合型 3），编码：MFKD。

晰：日、木、斤，识别码：1 竖（末笔竖、左右型 1），编码：JSRH。

 写出下列汉字的字根和编码，并反复进行录入练习。

汉 字	字 根	编 码	汉 字	字 根	编 码
歹			刁		
奋			筋		
待			仅		
等			今		
丑			巾		
惊			劫		
伐			叭		
饵			坊		
尔			犯		
讥			乏		
肚			钓		
冬			肩		
叮			剂		
句			讣		
惶			决		
京			父		
把			眷		
回			付		
坝			盲		
忌			伏		
伎			钾		
弗			贾		
草			拂		
讥			巨		
击			败		
酒			仓		
井			幻		
叉			户		

7.4　单字输入编码歌诀

可以熟记下面的编码歌诀，以便于记忆单字的输入方法：

五笔字型均直观，依照笔顺把码编；

键名汉字打四下，基本字根请照搬；

一二三末取四码，顺序拆分大优先；

不足四码要注意，交叉识别补后边。

该歌诀中包括了以下原则：

（1）取码顺序，依照从左到右、从上到下、从外到内的书写顺序。

（2）键名汉字的输入方法是打4下。

（3）字根数为4或大于4时，按一、二、三、末字根顺序取4码。

（4）不足4个字根时，打完字根后，补交叉识别码于尾部。该情况下，码长为3或4。

歌诀中"基本字根请照搬"和"顺序拆分大优先"是拆分的原则。就是说在拆分中以基本字根为单位，并且在拆分时"取大优先"，尽可能先拆出笔画最多的字根，或者说拆分出的字根数要尽量少。

7.5　易拆错汉字编码示例

下面列举的汉字，在拆分时容易拆分错误，在此特别列出，请反复输入练习。

禹：TKMY	兔：QKQY	秉：TGVI	爪：RHYI	禺：JMHY
臣：AHNH	册：MMGD	年：RHFK	垂：TGAF	未：FII
亟：BKCG	甩：ETNH	夜：YWTY	舞：RLGH	凹：MMGD
考：FTGH	事：GKVH	成：DNNT	甫：GEHY	寨：PFJS
身：TMDT	椎：RWYG	万：DNV	用：ET	曲：MAD
州：YTYH	西：SGHG	凸：HGMG	矛：CBTR	械：SA
追：WNNP	貌：EERQ	或：AKGD	开：GA	外：QH
行：TF	魂：FCRC	曳：JXE	末：GSI	豫：CBQE

第 8 章

五笔字型快速录入

为了提高汉字录入速度，五笔字型输入法中常采用简码和词组来进行录入。对于常用的汉字，五笔字型输入法制定了一级简码、二级简码、三级简码。而词组是指两个及两个以上汉字构成的汉字串。

8.1 简 码 输 入

为了减少击键次数，提高输入速度，对常用汉字，五笔字型制定了一级简码、二级简码、三级简码规则，即只需输入该汉字的前一个字根、前两个字根、前三个字根，再加空格键即可。

在五笔字型输入法中，由于具有各种简码的汉字总数已有 5000 多个，它们已经占了常用汉字的绝大多数，因此，使得编码输入变得非常简明直观，如能熟悉这些简码的输入，可以大大提高汉字录入速度。

8.1.1 一级简码

在五笔字型输入法中，输入一个单字或一个词语最多要敲击 4 下键，但对于大多数常用汉字来说，并不用击 4 次键，一般击二三次就可以了。

在五笔字型输入法中，挑出了在汉语中使用频率最高的 25 个汉字，把它们分布在键盘的 25 个字母上，并称为一级简码，又称为高频字，如图 8-1 所示。

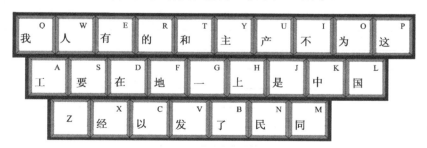

图 8-1 五笔字型中的一级简码

一级简码的输入方法是：单击一下所在键，再按一下空格键。

取 码 顺 序	第 一 码	第 二 码
取 码 要 素	击一个字母键	空格键

提示：

（1）一级简码基本上都含有所在键上的字根，如"中"在 K 键位上，有"口"这个字根。只有"我、为"这两个高频字没有所在键上的字根，需要单独记忆。

（2）一级简码与另外一些字组成词组时，需要取其前一码或前两码，所以在熟记其一级简码的同时，有必要熟记其前两码。

反复练习输入下面的高频字。

高 频 字	一级简码	全 码	前 两 码
我	Q	TRNT	TR
人	W	WWWW	WW
有	E	DEF	DE
的	R	RQY	RQ
和	T	TKG	TK
主	Y	YGD	YG
产	U	UTE	UT
不	I	GII	GI
为	O	YLYI	YL
这	P	YPI	YP
工	A	AAAA	AA
要	S	SVF	SV
在	D	DHFD	DH
地	F	FBN	FB
一	G	GGLL	GG
上	H	HHGG	HH
是	J	JGHU	JG
中	K	KHK	KH
国	L	LGY	LG
经	X	XCAG	XC
以	C	NYWY	NY
发	V	NTCY	NT
了	B	BNH	BN
民	N	NAV	NA
同	M	MGKD	MG

8.1.2 二级简码

二级简码由 25 个键位代码排列组合而成，编码容量为 25×25=625 个汉字。由于有部分两个代码的组合没有汉字或组合得到的汉字不常用，故实际安排的二级简码将近 600 个。

在进行单字输入时，二级简码的出现频率是较高的。记住了这些字，在输入过程中会事半功倍。

二级简码的输入方法是：取前两个字根，再按一下空格键。

取码顺序	第 一 码	第 二 码	第 三 码
取码要素	第一个字根码	第二个字根码	空格键

例如，"经"字可以拆成"纟、ス、工"3个字根，由于"经"字是二级简码，所以输入时，只需打"XC"两个编码，再击空格键即可。

又如，"澡"字可以拆成"氵、口、口、口、木"5个字根，由于"澡"是二级简码，所以输入时，只需打"IK"两个编码，再击空格键即可。

再如，

睡：HT+空格　　　　屡：NO+空格　　　药：SY+空格

五笔字型中的二级简码汉字如表8-1所示。其中少数空白处表示这种汉字编码没有对应的汉字。

表8-1 二级简码汉字

首 码	GFDSA 11———15	HJKLM 21———25	TREWQ 31———35	YUIOP 41———45	N BVCX 51———55
G （11）	五于天末开	下理事画现	玫珠表珍列	玉平不来	与屯妻到互
F （12）	二寺城霜载	直进吉协南	才垢坊夫无	坎增示赤过	志地雪支
D （13）	三夺大厅左	丰百右历面	帮原胡春克	太磁砂灰达	成顾肆友龙
S （14）	本村枯林械	相查可楞机	格析极检构	术样档杰棕	杨李要权楷
A （15）	七革基苛式	牙划或功贡	攻匠菜共区	芳燕东 芝	世节切芭药
H （21）	睛睦 盯虎	止旧占卤贞	睡 肯具餐	眩瞳步眯瞎	卢 眼皮此
J （22）	量时晨果虹	早昌蝇曙遇	昨蝗明蛤晚	景暗晃显晕	电最归紧昆
K （23）	呈叶顺呆呀	中虽吕另员	呼听吸只史	嘛啼吵 喧	叫啊哪吧哟
L （24）	车轩因困	四辊加男轴	力斩胃办罗	罚较 边	思 轨轻累
M （25）	同财央朵曲	由则 崭册	几贩骨内风	凡赠峭 迪	岂邮 风
T （31）	生行知条长	处得各务向	笔物秀答称	入科秒秋管	秘季委么第
R （32）	后持拓打找	年提扣押抽	手折扔失换	扩拉朱搂近	所报扫反批

续表

首　　码	GFDSA 11———15	HJKLM 21———25	TREWQ 31———35	YUIOP 41———45	N BVCX 51———55
E （33）	且肝 采肛	胆肿肋肌	用遥朋脸胸	及胶䏝 爱	甩服妥肥脂
W （34）	全会估休代	个介保佃仙	作伯仍从你	信们偿伙	亿他分公化
Q （35）	钱针然钉氏	处旬名甸负	儿铁角欠多	久匀乐炙锭	包凶争色
Y （41）	主计庆订度	让刘训为高	放诉衣认义	方说就变这	记离良充率
U （42）	闰半关亲并	站间部曾商	产瓣前闪交	六立冰普帝	决闻妆冯北
I （43）	汪法尖洒江	小浊澡渐没	少泊肖兴光	注洋水淡学	沁池当汉涨
O （44）	业灶类灯煤	粘烛炽烟灿	烽煌粗粉炮	米料炒炎迷	断籽娄烂
P （45）	定守害宁宽	寂审宫军宙	客宾家空宛	社实宵灾之	官字安 它
N （51）	怀导居 民	收慢避惭届	必怕 愉懈	心习悄屡忧	忆敢恨怪尼
B （52）	卫际承阿陈	耻阳职阵出	降孤阴队隐	防联孙耿辽	也子限取陛
V （53）	姨寻姑杂毁	旭如舅	九 奶 婚	妨嫌录灵巡	刀好妇妈姆
C （54）	对参 戏	台劝观	矣牟能难允	驻 驼	马邓艰双
X （55）	线结顷 红	引旨强细纲	张绵级给约	纺弱纱继综	纪弛绿经比

 提示：

　　二级简码数量不少，除了加强记忆外，在日常练习中要注重观察和积累。建议初学者在使用输入法时，先将输入法设置为"逐行提示"，这样经过长时间的使用，哪些字为简码就可以很快掌握了。

 写出下列汉字的二级简码，并反复进行输入练习。

汉　字	二级简码	汉　字	二级简码	汉　字	二级简码
列		时		针	
现		画		革	
才		基		向	
近		下		年	
夺		五		各	
及		会		务	
二		代		仙	
小		烛		史	
珍		澡		计	
灯		良		间	
导		林		部	
天		开		钉	
扩		于		玫	
果		末		氏	
员		然		宁	
力		害		另	
闻		天		只	

续表

汉　字	二级简码	汉　字	二级简码	汉　字	二级简码
得		于		财	
汪		呆		顺	
左		罗		处	
厅		困		则	
大		因		由	
法		笔		男	
并		半		曲	
关		民		伙	
本		久		戏	
庆		亲		怀	

8.1.3　三级简码

三级简码字较多，理论上可达 15625 个，而实际上只有 4400 余字。

三级简码的输入方法是：取前 3 个字根，再按一下空格键。

取码顺序	第 一 码	第 二 码	第 三 码	第 四 码
取码要素	第一个字根码	第二个字根码	第三个字根码	空格键

例如，"填"字可以拆成"土、十、且、八"4 个字根，由于"填"字是三级简码，所以输入时，只需打"FFH"3 个编码，再击空格键即可。

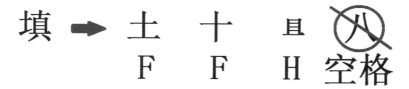

又如，"控"字可以拆成"才、宀、八、工"4 个字根，由于"控"字是三级简码，所以输入时，只需打"RPW"3 个编码，再击空格键即可。

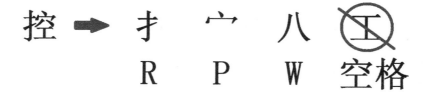

再如，
洗：ITF+空格　　　　　解：QEV+空格　　　　　咱：KTH+空格

 提示：

三级简码看上去击键次数仍是 4 次键，没有减少总的击键次数，但由于省略了前 3 个字根之后的字根判定或者交叉识别码的判定，因此可提高编码速度，进而提高输入速度。

写出下列汉字的三级简码，并反复进行输入练习。

汉 字	三 级 简 码	汉 字	三 级 简 码	汉 字	三 级 简 码
治		解		搓	
者		敌		缸	
差		群		配	
散		意		碳	
夹		始		隶	
施		纸		属	
效		选		键	
夜		次		输	
免		系		编	

8.1.4 简码的选择输入

在五笔字型输入法中，全部简码已占常用汉字的绝大部分。在实际录入文章时，应充分利用简码提高速度。

有的汉字，既是一级简码，同时又是二级、三级简码，要尽量取最简单的方式。要养成一个良好的习惯，若一个汉字能用简码输入，就绝不用全码输入。

例如，"经"字，同时具有一、二、三级简码及全码等4个输入码，即：经（X+空格），经（XC+空格），经（XCA+空格），经（XCAG）。这就为汉字输入提供了极大便利。

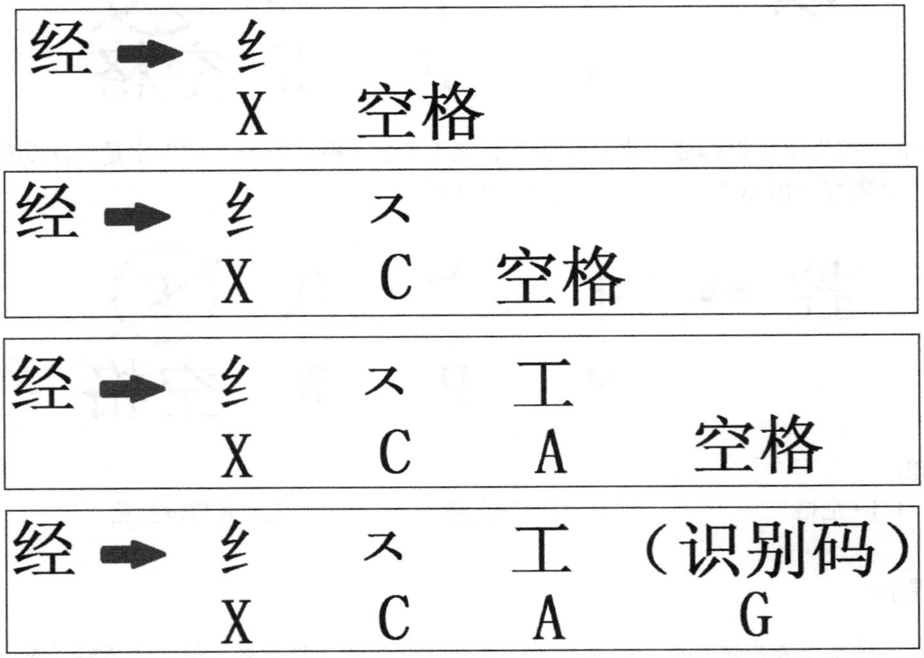

经 ➡ 纟
X 空格

经 ➡ 纟 �
X C 空格

经 ➡ 纟 ㄫ 工
X C A 空格

经 ➡ 纟 ㄫ 工 （识别码）
X C A G

8.2　词　组　输　入

在汉字输入法中，以词组为单位的输入方法常常可以达到减少编码长度、提高效率的目的。在五笔字型输入法中，也设计了词组的输入方法，单字和词组编码可以共存共容，输入方法可混合进行。

在五笔字型中输入词组时不需要进行任何转换，不需要再附加其他信息，可以与字一样用四码来代表一个词组。

五笔字型输入法将词组分为以下几类：

（1）二字词组：由两个汉字构成的词组，如故事、我们、文学、信息、方法等。

（2）三字词组：由三个汉字构成的词组，如计算机、图书馆、国务院等。

（3）四字词组：由四个汉字构成的词组，如艰苦奋斗、少数民族、日积月累等。

（4）多字词组：由四个以上汉字构成的词组，如中华人民共和国、中国人民解放军等。

8.2.1　二字词组输入

二字词组在汉语词汇中占的比例很大，也是用得最多的词汇输入。熟练地掌握二字词组的输入是提高文章输入速度的重要一环。

二字词组的编码规则是：每字各取前两个字根，组合成四码。

取 码 顺 序	第 一 码	第 二 码	第 三 码	第 四 码
取 码 要 素	第1个汉字 第1字根	第1个汉字 第2字根	第2个汉字 第1字根	第2个汉字 第2字根

例如，在录入词组"摆脱"时，依次取出两个汉字的前两个字根构成四码"扌、四、月、丷"。"扌"的编码为R，"四"的编码为L，"月"的编码为E，"丷"的编码为U。因此，词组"摆脱"的编码为RLEU。

摆脱 ➡ 摆　摆　脱　脱
R　L　E　U

又如，在录入词组"吉利"时，依次取出两个汉字的前两个字根构成四码"士、口、禾、刂"。"士"的编码为F，"口"的编码为K，"禾"的编码为T，"刂"的编码为J。因此，词组"吉利"的编码为FKTJ。

吉利 ➡ 吉　吉　利　利
F　K　T　J

又如，

$$\text{合同} \Rightarrow \text{合} \quad \text{合} \quad \text{同} \quad \text{同} \quad \text{WGMG}$$

$$\text{经济} \Rightarrow \text{经} \quad \text{经} \quad \text{济} \quad \text{济} \quad \text{XCIY}$$

再如，

安排：PVRD	奥秘：TMTN	药品：AXKK	野生：JFTG
煤田：OALL	掩护：RDRY	议价：YYWW	仪式：WYAA
异常：NAIP	意思：UJLN	周期：MFAD	主演：YGIP
壮丽：UFGM	学校：IPSU	思维：LNXW	修理：WHGJ
工人：AAWW	已经：NNXC	战斗：HKUF	革命：AFWG
事业：GKOG	计划：YFAJ	开会：GAWF	保证：WKYG
成立：DNUU	出现：BMGM	大众：DDWW	机器：SMKK
汉字：ICPB	技术：RFSY	编码：XYDC	程序：TKYC
垃圾：FUFE	任何：WTWS	公司：WCNG	编辑：XYLK

 反复练习输入下列二字词组。

方针	信息	系统	工人	干部	人才
出现	年轻	平凡	书籍	使命	地球
书店	内容	内存	其次	重复	书记
事项	收回	寿命	食物	点头	专业
能力	方向	地面	程序	等于	安排
电脑	领导	革命	进行	大学	名胜
计算	事业	技术	得到	情况	世界
等级	等候	得力	当地	世纪	使用
生动	施工	十分	人事	爱护	机器
健康	神圣	稍微	任意	修理	工程
基础	历史	我们	文明	你们	威名
工作	闻名	大众	文盲	长度	宾馆
处长	报告	参观	保障	成长	部分

8.2.2　三字词组输入

如果构成词组的汉字个数为3个，那么这类词组就属于三字词组。如"初学者"、"标准化"都属于三字词组。

三字词组的编码规则是：前两个字各取一个字根，最后一字取前两个字根，组成四码。

取码顺序	第 一 码	第 二 码	第 三 码	第 四 码
取码要素	第1个汉字 第1字根	第2个汉字 第2字根	第3个汉字 第1字根	第3个汉字 第2字根

例如，在录入词组"国务院"时，依次取出前两个汉字的首两个字根，以及第三个汉字

的第一、二字根，构成四码"囗、夂、阝、宀"。"囗"的编码为 L，"夂"的编码为 T，"阝"的编码为 B，"宀"的编码为 P。因此，词组"国务院"的编码为 LTBP。

国务院 ➡ 国　务　院　院
　　　　　L　T　B　P

又如，在录入词组"现代化"时，依次取出前两个汉字的首两个字根，以及第三个汉字的第一、二字根，构成四码"王、亻、亻、匕"。"王"的编码为 G，"亻"的编码为 W，"亻"的编码为 W，"匕"的编码为 X。因此，词组"现代化"的编码为 GWWX。

现代化 ➡ 现　代　化　化
　　　　　G　W　W　X

再如，

硬功夫：DAFW	办公室：LWPG	小数点：IOHK
闭幕式：UAAA	计算机：YTSM	基本功：ASAL
绝对化：XCWX	动物园：FTLF	核工业：SAOG
洗衣机：IYSM	计算机：YTSM	生产率：TUYX
乘务员：TTKM	林业部：SOUK	操作员：RWKM
大熊猫：DCQT	基本上：ASHH	解放军：QYPL
电视机：JPSM	辽宁省：BPIT	委员会：TKWF
自动化：TFWX	工程师：ATJG	天安门：GPUY
使用权：WESC	精确度：ODYA	派出所：IBRN
打基础：RADB		

 反复练习输入下列三字词组。

图书馆	打电话	纺织厂	气象台	统计表
大熊猫	笔记本	重要性	运动员	工程师
闭幕式	毕业生	前不久	生产力	共产党
招待会	游泳场	心里话	房地产	井冈山
报告会	专家组	积极性	杂志社	加工厂
示范户	房地产	评论员	干什么	故事片
重工业	汽车站	纪录片	技术员	工业化
司令部	自行车	俱乐部	印度洋	大部分
气象台	专利法	常委会	团支部	马克思
百分比	卫生部	鉴定会	本世纪	工业化
机械化	代办处	研究所	联系人	知识化
房租费	展览会	大学生	幼儿园	百分比

8.2.3 四字词组输入

如果构成词组的汉字个数是 4 个，那么就称这类词组为四字词组。

四字词组的编码规则是：每个字各取第一个字根，组成四码。

取码顺序	第 一 码	第 二 码	第 三 码	第 四 码
取码要素	第1个汉字 第1字根	第2个汉字 第1字根	第3个汉字 第1字根	第4个汉字 第1字根

例如，在录入词组"艰苦奋斗"时，依次取出每个汉字的首字根，构成"又、卝、大、
ㄐ"的 4 个编码。因此，词组"艰苦奋斗"的编码为 CADU。

艰苦奋斗 ➡ 艰　苦　奋　斗
C　A　D　U

又如，在录入词组"斩草除根"时，依次取出每个汉字的首字根，构成"车、卝、阝、
木"的 4 个编码。因此，词组"斩草除根"的编码为 LABS。

斩草除根 ➡ 斩　草　除　根
L　A　B　S

再如，

炎黄子孙：OABB	家用电器：PEJK	社会主义：PWYY
科学技术：TIRS	按劳取酬：RABS	口若悬河：KAEI
五笔字型：GTPG	调查研究：YSDP	程序设计：TYYY
知识分子：TYWB	参考消息：CFIT	自力更生：TLGT
卧薪尝胆：AAIE	莫名其妙：AQAV	信息处理：WTTG
人民政府：WNGY	少数民族：IONY	操作系统：RWTX
胸有成竹：EDDT	熟能生巧：YCTA	繁荣昌盛：TAJD
爱莫能助：EACE	安居乐业：PNQO	标点符号：SHTK

 反复练习输入下列四字词组。

众所周知	人民日报	任何时候	千方百计
边缘学科	精打细算	闻所未闻	科学研究
有目共睹	水落石出	前所未有	祖国统一
勤工俭学	朝气蓬勃	埋头工作	友好往来
中国人民	中外合资	中国政府	游刃有余

续表

共产主义	独占鳌头	日积月累	爱国主义
淋漓尽致	秋高气爽	培训中心	调查研究
国民经济	高等院校	各级党委	政治面貌
国防大学	新华书店	社会科学	天气预报
外部设备	文化水平	优质产品	风起云涌

8.2.4　多字词组输入

多字词组是指超过 4 个汉字组成的词汇。

多字词组的编码规则是：取第一、二、三和最末一个汉字的第一个字根，组成四码。

取码顺序	第 一 码	第 二 码	第 三 码	第 四 码
取码要素	第 1 个汉字 第 1 字根	第 2 个汉字 第 1 字根	第 3 个汉字 第 1 字根	最后一个汉字 第 1 字根

例如，在录入词组"新技术革命"时，依次取出第一、第二、第三个汉字的首字根，以及最后一个汉字的首字根，构成"立、扌、木、人"的 4 个编码。因此，词组"新技术革命"的编码为 URSW。

新技术革命 ➡ 新　技　术　命
U　　R　　S　　W

又如，在录入词组"有志者事竟成"时，依次取出第一、第二、第三个汉字的首字根，以及最后一个汉字的首字根，构成"ナ、士、土、厂"的 4 个编码。因此，词组"有志者事竟成"的编码为 DFFD。

有志者事竟成 ➡ 有　志　者　成
D　　F　　F　　D

再如，

马克思主义：CDLY

现代化建设：GWWY

为人民服务：YWNT

中国共产党：KLAI

中央委员会：KMTW

新华通讯社：UWCP

百闻不如一见：DUGM

中华人民共和国：KWWL

一切从实际出发：GAWN

中共中央总书记：KAKY

马克思列宁主义：CDLY

当一天和尚撞一天钟：IGGQ

五笔字型计算机汉字输入技术：GTPS

反复练习输入下列多字词组。

军事委员会	名不见经传	国务院办公厅
四个现代化	喜马拉雅山	国际劳动妇女节
西藏自治区	人民大会堂	中国人民解放军
中国共产党	中国科学院	对外经济贸易部
中央电视台	有中国特色	中央人民广播电台
电子计算机	新华通讯社	全国人民代表大会
广播电视部	维护世界和平	养兵千日用兵一时
毛泽东思想	辩证唯物主义	新疆维吾尔自治区

8.3　特殊词组的输入

8.3.1　词组中有一级简码汉字

有时候，词组中可能存在一个或几个一级简码汉字，如词组"人定胜天"中的"人"字是一级简码汉字，"国家"中的"国"字是一级简码汉字。在录入这类词组时不将它们看成是一级简码汉字，而只是把它们当作普通的汉字，按照一般的汉字拆分规则来录入。

例如，词组"中期"中的"中"字属于一级简码汉字，编码是 K。但是在词组中不把它看成是一级简码汉字，而是按照普通汉字的拆分方法，将"中"字拆分成"口、|"，编码是 KH。它与"期"字的前两个字根"廿、三"的编码 AD，构成四码"口、|、廿、三"，因此，词组的编码是 KHAD。

又如，词组"要员"中的"要"字属于一级简码汉字，编码是 S，但是在词组中不把它看成是一级简码汉字，而是按照普通汉字的拆分方法，将"要"字拆分成"西、女"，它与"员"字的前两个字根"口、贝"构成四码，即是词组的编码。

 提示：

下面将所有一级简码汉字的拆分方法列出来，在实际录入过程中，用户需要几位编码就选择几位编码。

一级简码	字　根	一级简码	字　根	一级简码	字　根
我	丿扌乚丿	主	、王	工	工工工工
人	人人人人	产	立丿	要	西女
有	𠂇月	不	一小	在	𠂇丨土
的	白勹、	为	、力	地	土也
和	禾口	这	文辶	一	一一
上	上丨一一	经	纟フ工	了	了乙丨

一级简码	字　根	一级简码	字　根	一级简码	字　根
是	日一止	以	乙、人	发	乙丿又、
中	口	国	口王、	同	门一口
民	尸七				

练习输入下列带有一级简码汉字的词组。

所以	RNNY	经过	XCFP
发现	NTGM	同意	MGUJ
是否	JGGI	地理	FBGJ

8.3.2　词组中有键名汉字

有时候词组中可能存在一个或几个键名汉字，如词组"工作"中的"工"字，就是键名汉字，"土地"中的"土"字也是键名汉字。

键名汉字的录入规则是连续敲击 4 下键名汉字所在的键位。如果键名汉字出现在词组中，它的录入方法还是与打单个键名汉字一样，只不过不是敲击 4 下键位，而是需要取这个键名汉字的几码就敲几下键位。

例如，词组"大队"中的"大"是键名汉字，由于"大队"是二字词组，按照二字词组的取码规则，需要取每个汉字的前两码，在录入"大"时，就需要敲击两下 D 键。因此，"大队"的编码是 DDBW。

又如，词组"大规模"，按照三字词组取码规则，只需要取"大"字的一码，所以在录入过程中只需要敲一下 D 键即可。因此，词组"大规模"的编码是 DFSA。

练习输入下列带有键名汉字的词组。

人民	WWNA	月亮	EEYP
言语	YYYG	站立	UHUU
之中	PPKH	工会	AAWF
木头	SSUD	大队	DDBW
子孙	BBBI	王码	GGDC

8.3.3　词组中有成字字根汉字

有时候词组中可以存在一个或几个成字字根汉字，如词组"儿子"中的"儿"，"用户"中的"用"等都是成字字根汉字。

在词组中成字字根汉字的录入与单个成字字根汉字录入规则一样，都需要先报户口，然后再依次录入笔画的编码，不同的是，在录入词组中的成字字根时，不再需要录入完所有的成字字根汉字编码，而是根据需要选择出几位编码来构成词组的编码。

例如，成字字根汉字"用"的编码是 ETNH，但在词组"用户"中，按照词组录入规则，只取前两位编码 ET，与"户"字的两位编码一起构成词组的编码 ETYN。

又如，成字字根"雨"的编码是 FGHY，但在词组"雨后春笋"中，按照四字词组规则，只取"雨"的第一位编码 F，与后面汉字的编码一起构成词组的编码 FRDT。

第9章

五笔字型高级使用技巧

9.1 选择重码

在五笔字型编码方案中，将极少一部分无法唯一确定编码的汉字，用相同的编码来表示。这些具有相同编码的汉字，称为"重码字"。

1. 利用数字键选取重码字

五笔字型对重码字按其使用频率作了分级处理。输入重码字的编码时，重码字会同时出现在提示行，而较常用的摆在第一个位置上。如果所要的字在第一个位置，可继续输入下文，该字会自动跳到光标所在位置上。它们的输入就像没有重码一样，完全不影响输入速度。如果需要的是不常用的那个字，则可根据它的位置号，按数字键"1、2、3…"，即可使它显示在编辑位置上。

例如，输入 TMGT 后，在重码提示窗口就会出现"微"、"徽"、"徵"3 个汉字，如图 9-1 所示。

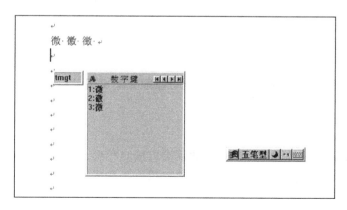

图 9-1　重码字的选择

如果这时我们需要的是"微"字，就不必挑选，只管输入下文，"微"字就会自动跳到光标位置；如果需要的是"徽"字，则需要击一下数字键"2"；如果需要"徵"字，则需击一下数字键"3"。

2. 使用后缀码分离重码字

为了进一步减少重码，提高输入速度，在五笔字型汉字输入法中特别定义了一个后缀码 L，即把重码字中使用频度较低的汉字编码的最后一个编码改成后缀码 L。这样，在输入使用频率较高的重码汉字时用原码，输入一个使用频度较低的重码汉字时，只要把原来单字编码的最后一码改成 L 即可。这样两者都不必再作任何特殊处理或增加按键就能输入，从而再次把重码字离散开来。

掌握了这一方法后，在输入一些汉字时，就可以不用再担心遇到重码，同时也提高了汉字的输入速度。

9.2　容　错　码

为了便于学习和使用，五笔字型输入法中引入了容错技术，设计了容错码。容错码就是对一些比较容易错的编码的汉字，即使错误输入，也能出现正确的汉字。

1．拆分容错

个别汉字在书写顺序上，因人而异，容易弄错。五笔字型汉字输入法允许其他一些习惯顺序的输入，这就是拆分容错。

例如，五笔字型汉字输入法中规定"长"字，应拆分为"丿七、"，正确码为 TAYI。但是，在实际书写时，按照各人不同的习惯，又存在 3 种码：ATYI、TGNY、GNTY。则这三个码就是"长"字的拆分容错码。

2．字型容错

个别汉字的字型分类不很明确，在判断时往往搞错，因此设计了字型容错码。

例如：

"右"字（ナ口）的正确码为 DKF，容错码为 DKD。

"占"字（卜口）的正确码为 HKF，容错码为 HKD。

3．末笔容错

末笔容错是指汉字的末笔可以有多种取法。

例如，"化"字的末笔既可以取折（乙），也可以去撇（丿）。

4．繁简容错

繁简容错是指按照汉字的繁体来拆分，也可以输入繁体汉字。

例如，"国"字，如果按照繁体字输入，可以取字根"囗戈囗一"。

 提示：

容错码不是万能的，只是在一个很小的范围内给以帮助。所以，必须要认真学习，熟练掌握汉字的正确拆分方法和编码原则，不能把希望寄托在容错码上。

9.3　学习键 Z

在用五笔字型汉字输入法进行汉字输入时，对编码中难以确定的按键可以用 Z 键代替。

Z 键是五笔字型中的万能学习键，可以用它来代替识别码或字根，帮助读者学习汉字编码。

1．代替识别码

当对一个汉字的识别码不清楚的时候，可以利用 Z 键来代替识别码进行汉字的输入。

例如，如果不知道"天"的识别码，可打入 GDZ，此时屏幕上显示的内容如图 9-2 所示。

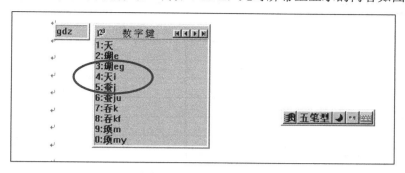

图 9-2　Z 键代替识别码

通过屏幕上的提示可以了解到，"天"的识别码是 I。这时，输入数字键"4"，就可以输入"天"字了。

2. 代替字根

Z 键可以代替用户一时记不清或分解不准的任何字根，并通过提示行使用户知道 Z 键对应的键位或字根。

例如，当记不清"别"的第 3 个字根的编码时，可以打入 KLZ，通过翻页寻找需要的汉字，如图 9-3 所示。

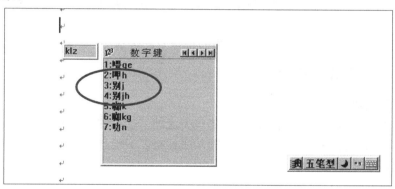

图 9-3　Z 键代替字根

从屏幕上的提示可以了解到，"别"的第 3 个字根编码为 J，输入对应的数字键即可输入"别"字。

9.4　输入中文标点

键盘在设计时，是按照英文打字机的标准来进行的，所以，有些中文标点在键盘上是找不到的，如顿号"、"和句号"。"等。

当计算机键盘上没有对应的中文标点时，要想输入中文标点符号，应首先单击输入法工具栏中的"中文/英文标点"工具图标，转换成中文标点输入状态。在这种状态下，就可以用英文键盘直接输入中文标点符号，如表 9-1 所示。

表 9-1　中文标点符号及对应键

中文标点符号	对　应　键	中文标点符号	对　应　键
、顿号	\	。句号	.
！感叹号	!	，逗号	,
：冒号	:	；分号	;
？问号	?	.小数点	（数字键盘区）
——破折号	Shift+-	……省略号	Shift+6
'左单引号	'（第一次）	'右单引号	'（第二次）
"左双引号	Shift+"（第一次）	"右双引号	Shift+"（第二次）
《左书名号	<	》右书名号	>
（左小括号	(	）右小括号	)

 提示：

　　有的键盘符号粗看起来与相对应的中文标点差不多，例如，英文逗号","和中文逗号"，"。但实际上它们是有本质区别的。英文符号只占用一个字节的空间，而中文符号要占用两个字节的空间。通常情况下，英文符号在英语文章中使用，而中文符号在汉语文章中使用。

9.5　比较五笔字型 86 版与 98 版

下面首先比较 86 版和 98 版五笔字型的特点及其区别。

9.5.1　比较两种版本的特点

1．86 版五笔字型的优点及其不足

86 版五笔字型输入法推出后，获得了巨大成功，这与其本身所具有的优点是分不开的。与其他汉字输入法相比，86 版五笔字型输入法具有以下优点：

（1）重码少，学习容易。

（2）击键次数相对较少，最多只需击键 4 次。

（3）既可以输入单个汉字，也可以输入词语。

（4）可以用双手十指分工击键，输入速度快。

（5）具有一定的通用性。

86 版五笔字型在推广和使用中，也暴露出了其不足之处。86 版五笔字型的不足之处在于：

（1）在对汉字拆分进行编码时，常与汉语言文字的规范发生冲突。

（2）不能对某些规范字根做到整字取码。

（3）没有根据语言文字规范来拆分某些汉字的笔画顺序，如将"饿"字最后一笔拆分为"点"，而不是"撇"。

（4）不能对繁体汉字进行拆分。

2．98 版五笔字型

针对 86 版的不足，王永民教授花费了 10 年的时间精心研制开发了五笔字型的 98 版

本——98 王码。在 98 王码中，除了五笔字型外，还包括了五笔画法、五笔拼音等多种输入法，其中，五笔字型仍是 98 王码的核心。

98 版五笔字型是第一个符合我国汉语言文字的规范并通过鉴定的汉字输入方案，与 86 版相比，98 版主要改进了以下几个方面。

（1）取字造词或批量造词。在 86 版中可以通过手工进行造词，而在 98 版中，使用取字造词功能可以在编辑文本时，直接从屏幕中取字造词，这时系统会自动对新造的词按造取码规则编制正确的输入码，并存储到词库中。另外，98 版具有批量造词功能，可在 98 版五笔字型提供的词库生成器中，一次性生成多个词组。

（2）编辑码表。98 版可以利用码表编辑器，对五笔字型编码进行编辑和修改，还可以创建容错码。

（3）支持重码动态调试。98 版可以提供对重码进行动态调试的支持。

（4）实现内码转换。在处理文档时，为克服不同中文操作平台产品间互不兼容的缺点，98 版提供了多内码文本转换器，从而使系统能够进行内码转换。

综上所述，98 版五笔字型比 86 版的编码体系更合理，部件选取更规范，编码规则更简单，更易学易用，输入效率更高，且对 86 版具有良好的兼容性。

9.5.2　两种版本的区别

98 版五笔字型是 86 版的升级版本，二者的区别主要表现在以下 5 个方面。

（1）对基本单元的称呼不同。86 版把构成汉字的基本单元称为"字根"；98 版把构成汉字的基本单元称为"码元"。

（2）选取的基本单元的数量不同。86 版选取了 130 个字根；98 版选取了 245 个码元。

（3）处理汉字的数量不同。86 版能处理国标简体字的 6763 个汉字；98 版除了可以处理国标简体字的 6763 个汉字外，还可以处理 13053 个繁体字，以及中、日、韩三国大字符集中的 21003 个汉字。

（4）码元选取规范性。86 版中对某些规范字根没有做到整字取码；98 版的码元和笔画顺序完全符合文字规范。例如，86 版中需要拆分的"毛"、"丘"、"甘"、"羊"、"母"、"夫"、"末"等字根，98 版中都作为一个码元，整字取码。

（5）编码规则简明性。86 版在拆分时要先拆分字根，在拆分时常与语言文字规范产生矛盾；98 版首创了"无拆分编码法"，在编码时将总体形似的笔画结构归为同一码元，一律用码元来描述汉字笔画结构的特征，使五笔字型输入法更趋于合理易学。

尽管 98 版与 86 版有上述区别，但二者之间仍是兼容与被兼容的关系。

9.5.3　86 版用户学习 98 版时应注意的问题

对于已经学会使用 86 版的五笔字型用户，在学习 98 版时，应注意以下几个方面的问题。

1．原有码元（字根）改变了键位

86 版用户在转用 98 版时，碰到的最大障碍是原有码元（字根）改到了新键位上，在输入的过程中，常常下意识地击老键位，因而发生差错。例如：

码元"臼"从"V"键改到了"E"键；

码元"力"从"L"键改到了"E"键；

码元"几"从"M"键改到了"W"键。

所以，必须把这些旧码元（字根）的新键位作为学习重点，不断加深记忆，以期达到能像使用 86 版本一样的熟练程度。

2．新增码元

86 版用户在使用旧版本的过程中，可能感到有些常用的汉字部件如果能作为码元会更好。所以，接触到新版本时，首先注意到的就是那些新增加的码元，例如"甘"、"甫"、"气"、"未"、"毛"、"几"、"母"、"良"、"力"、"丘"、"夫"、"皮"等，认为这些新码元有道理，因而印象深刻，比较容易记住。

3．与原码元（字根）形似的新码元

有些新码元与原有码元（字根）非常相似，例如，新增码元"丘"与原有的码元（字根）"斤"形似，因而也比较容易记住。

4．新旧版本不同的取码顺序

虽然新旧版本的取码规则是一样的，但是不少由同样码元（或字根）构成的字，新旧版本的取码顺序却发生了明显变化，如表 9-2 所示。

表 9-2　86 版和 98 版五笔字型取码顺序变化示例

汉　字	86 版编码	98 版编码
加	LKG	EKG
建	VFHP	VGPK
悲	DJDN	HDHN
凸	HGMG	HGHG
傍	WUPY	WYUY
爸	WQCB	WRCB

在 98 版五笔字型中，对合体字做了进一步规划，在双合字和三合字的基础上，加分了四合字和多合字。

9.6　综 合 训 练

输入下面的短文，可反复练习。

友谊和花香一样

曾经有人问过我，为什么那么喜欢植物？为什么总喜欢画花？

其实，我喜欢的不仅是那一朵花，而是伴随着那一朵花同时出现的所有的记忆；我喜欢的甚至也许不是眼前的大自然，而是大自然在我心里所唤起的那一种心情。

曾从朋友那里听到一句使我动心的话："友谊和花香一样，还是淡一点的比较好，越淡的香气越使人依恋，也越能持久。"

真的啊!在这条人生的长路上，有过多少次，迎面袭来的是那种淡淡的花香？有过多少朋友，曾含笑以花香贻我？使我心中永远留着他们微笑的面容和他们淡淡的爱怜。

续表

昂起头来真美

珍妮是个总爱低着头的小女孩，她一直觉得自己长得不够漂亮。有一天，她到饰物店去买了只绿色蝴蝶结，店主不断赞美她戴上蝴蝶结挺漂亮，珍妮虽不信，但是挺高兴，不由昂起了头，急于让大家看看，出门与人撞了一下都没在意。

珍妮走进教室，迎面碰上了她的老师，"珍妮，你昂起头来真美！"老师爱抚地拍拍她的肩说。

那一天，她得到了许多人的赞美。她想一定是蝴蝶结的功劳，可往镜前一照，头上根本就没有蝴蝶结，一定是出饰物店时与人一碰弄丢了。

自信原本就是一种美丽，而很多人却因为太在意外表而失去很多快乐。无论是贫穷还是富有，无论是貌若天仙，还是相貌平平，只要你昂起头来，快乐会使你变得可爱——人人都喜欢的那种可爱。

为生命画一片树叶

只要心存相信，总有奇迹发生，希望虽然渺茫，但它永存人世。

美国作家欧·亨利在他的小说《最后一片叶子》里讲了个故事：病房里，一个生命垂危的病人从房间里看见窗外的一棵树，在秋风中一片片地掉落下来。病人望着眼前的萧萧落叶，身体也随之每况愈下，一天不如一天。她说："当树叶全部掉光时，我也就要死了。"一位老画家得知后，用彩笔画了一片叶脉青翠的树叶挂在树枝上。

最后一片叶子始终没掉下来。只因为生命中的这片绿，病人竟奇迹般地活了下来。

人生可以没有很多东西，却唯独不能没有希望。希望是人类生活的一项重要的价值。有希望之处，生命就生生不息！

追求忘我

1858 年，瑞典的一个富豪人家生下了一个女儿。然而不久，孩子染患了一种无法解释的瘫痪症，丧失了走路的能力。

一次，女孩和家人一起乘船旅行。船长的太太给孩子讲船长有一只天堂鸟，她被这只鸟的描述迷住了，极想亲自看一看。于是保姆把孩子留在甲板上，自己去找船长。孩子耐不住性子等待，她要求船上的服务生立即带她去看天堂鸟。那服务生并不知道她的腿不能走路，而只顾带着她一道去看那只美丽的小鸟。奇迹发生了，孩子因为过度的渴望，竟忘我地拉住服务生的手，慢慢地走了起来。从此，孩子的病便痊愈了。

忘我是走向成功的一条捷径，只有在这种环境中，人才会超越自身的束缚，释放出最大的能量。

成功并不像你想象的那么难

并不是因为事情难我们不敢做，而是因为我们不敢做事情才难的。

1965 年，一位韩国学生到剑桥大学主修心理学。在喝下午茶的时候，他常到学校的咖啡厅或茶座听一些成功人士聊天。这些成功人士包括诺贝尔奖获得者，某一些领域的学术权威和一些创造了经济神话的人，这些人幽默风趣，举重若轻，把自己的成功都看得非常自然和顺理成章。时间长了，他发现，在国内时，他被一些成功人士欺骗了。那些人为了让正在创业的人知难而退，普遍把自己的创业艰辛夸大了，也就是说，他们在用自己的成功经历吓唬那些还没有取得成功的人。

作为心理系的学生，他认为很有必要对韩国成功人士的心态加以研究。1970年，他把《成功并不像你想象的那么难》作为毕业论文。后来这篇文章鼓舞了许多人，因为他从一个新的角度告诉人们，成功与"劳其筋骨，饿其体肤"、"三更灯火五更鸡"、"头悬梁，锥刺股"没有必然的联系。只要你对某一事业感兴趣，长久地坚持下去就会成功。

人世中的许多事，只要想做，都能做到，该克服的困难，也都能克服，用不着什么钢铁般的意志，更用不着什么技巧或谋略。只要一个人还在朴实而饶有兴趣地生活着，他终究会发现，造物主对世事的安排，都是水到渠成的。

飞翔的蜘蛛

信念是一种无坚不催的力量，当你坚信自己能成功时，你必能成功。

一天，我发现，一只黑蜘蛛在后院的两檐之间结了一张很大的网。难道蜘蛛会飞？要不，从这个檐头到那个檐头，中间有一丈余宽，第一根线是怎么拉过去的？后来，我发现蜘蛛走了许多弯路——从一个檐头起，打结，顺墙而下，一步一步向前爬，小心翼翼，翘起尾部，不让丝沾到地面的沙石或别的物体上，走过空地，再爬上对面的檐头，高度差不多了，再把丝收紧，以后也是如此。

蜘蛛不会飞翔，但它能够把网凌结在半空中。它是勤奋、敏感、沉默而坚韧的昆虫，它的网制得精巧而规矩，八卦形地张开，仿佛得到神助。这样的成绩，使人不由想起那些沉默寡言的人和一些深藏不露的智者。于是，我记住了蜘蛛不会飞翔，但它照样把网结在空中。奇迹是执着者创造的。

第 10 章

其他常用五笔字型输入法

五笔字型是一款深受用户好评的形码汉字输入系统，占据了汉字输入法领域的主导地位。时至今日，五笔输入法家族不断壮大，功能也日益成熟，各种派生的五笔输入程序也比较多，如智能陈桥五笔、极品五笔、万能五笔、极点五笔、网络五笔、五笔加加等。无论是传统输入法还是衍生出的新式输入法都各具特色，下面介绍几种常用的五笔输入法。

10.1　搜狗五笔输入法

搜狗五笔输入法是搜狐公司继搜狗拼音输入法后，推出的一款针对五笔用户的输入法产品。搜狗五笔输入法在继承传统五笔输入法优势的基础上，融合了搜狗拼音输入法在高级设置、易用性设计等特点，将网络账户、皮肤等功能引入至五笔输入法，使得搜狗五笔输入法在输入流畅度及产品外观上达到了完美的结合。

1．启动搜狗五笔输入法

搜狗五笔输入法是一款免费软件，可以在搜狗输入法官网免费下载，如图 10-1 所示，下载后进行安装。

图 10-1　搜狗输入法官网

安装完毕后，在输入法选择栏中，可以看到有"搜狗五笔输入法"，单击即可启动该输入法，如图 10-2 所示。

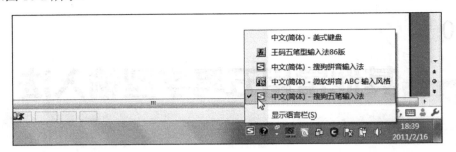

图 10-2　启动搜狗五笔输入法

2．搜狗五笔输入法界面

启动搜狗五笔输入法后，在屏幕上将弹出该输入法状态栏，如图 10-3 所示。

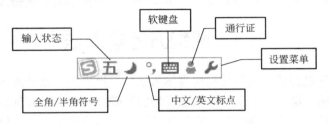

图 10-3　搜狗五笔输入法状态栏

状态栏上的按钮分别代表"输入状态"、"全角/半角符号"、"中文/英文标点"、"软键盘"、"通行证"、"设置菜单"。

3．输入汉字

在编辑窗口，选择好搜狗五笔输入法后，就可以按照五笔字型输入法编码规则输入汉字了，如图 10-4 所示。

图 10-4　输入汉字

搜狗输入法的输入窗口很简洁，上面的一排是所输入的五笔编码，下一排就是候选字。输入所需的候选字对应的数字，即可输入该词。第一个词默认是红色的，直接敲下空格即可输入第一个词。

4．中英文切换输入

用鼠标单击状态栏上面的"输入状态"按钮，可以进行中英文切换，如图 10-5 所示。另外，输入法默认按 Shift 键切换到英文输入状态，再按一下 Shift 键返回中文状态。

切换中/英文 (左Shift)

切换中/英文 (左Shift)

图 10-5　中英文切换

提示：

中英文切换键、翻页键和其他快捷键的设置，可以在"搜狗五笔输入法设置"对话框中的"快捷键"选项卡中进行修改。

5．修改候选词个数

系统默认在输入状态栏中显示的候选词为 5 个，用户也可以根据自己的使用习惯进行设置，设置范围为 3～9 个。如图 10-6 所示为设置为 9 个候选词后的效果。

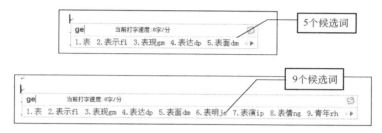

图 10-6　修改候选词个数

设置候选词个数的具体方法为：

（1）单击输入法状态栏上的"设置菜单"按钮，如图 10-7 所示。

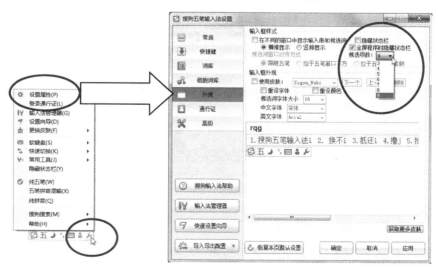

图 10-7　"搜狗五笔输入法设置"对话框中的"外观"选项卡

（2）在弹出的菜单中，单击"设置属性"命令，将弹出"搜狗五笔输入法设置"对话框。

（3）在该对话框中，选择"外观"选项卡，单击"候选项数"下拉列表，从中选择需要的个数。

（4）单击"应用"按钮后，再单击"确定"按钮。

 提示：

输入法默认的是 5 个候选词，五笔的重码率本身很低，且搜狗五笔对候选项的排序进行了特殊的优化。如果候选词太多会造成查找时的困难，导致输入效率下降。因此，推荐选用默认的 5 个候选词。

6．修改外观

在搜狗输入法中，可以修改输入框的样式和外观，如图 10-8 所示为修改前后对比。

图 10-8　修改输入框的样式和外观

修改输入框外观的具体方法为：

（1）单击输入法状态栏上的"设置菜单"按钮。

（2）在弹出的菜单中，单击"设置属性"命令。

（3）在"搜狗五笔输入法设置"对话框中，选择"外观"选项卡，如图 10-9 所示。

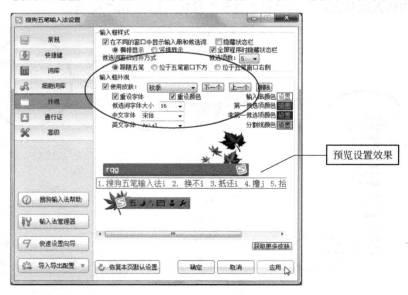

图 10-9　"外观"选项卡

（4）在"输入框样式"中，选中"在不同的窗口中显示输入串和候选词"，还可以根据自己的习惯，选择"横排显示"或"竖排显示"。

（5）在"输入框外观"中，选中"使用皮肤"，并在下拉列表中选择某一选项，在此还可以设置"输入串颜色"、"第一候选项颜色"、"非第一候选项颜色"等。

（6）在提示区，可以预览设置效果。

（7）设置完毕后单击"应用"按钮，再单击"确定"按钮。

7. 快速输入网址

搜狗五笔输入法具有多种方便的网址输入模式。用户在中文输入状态下，就可以输入几乎所有的网址。

使用方法为：输入以 www. http: ftp:等开头的网址时，系统自动识别进入英文输入状态，后面可以输入例如 www.phei.com.cn 等类型的网址，如图 10-10 所示。

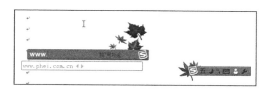

图 10-10　快速输入网址

 提示：

在输入网址或邮箱的过程中，如果输入了 4 个编码，遇到 4 码自动上屏，或 4 码自动取消，或 4 码截止上屏的情况，则说明此时的汉字输入功能优先，而网址以及邮箱功能不生效。

8. 使用自定义短语

自定义短语是通过特定字符串来输入自定义好的文本。具体设置方法为：

（1）单击输入法状态栏上的"设置菜单"按钮。

（2）在弹出的菜单中，单击"设置属性"命令，将弹出"搜狗五笔输入法设置"对话框。

（3）在该对话框中，选择"高级"选项卡，如图 10-11 所示，单击"自定义短语设置"按钮。

图 10-11　"高级"选项卡

（4）在弹出的"自定义短语设置"对话框中，单击"添加新定义"按钮，将继续弹出"添加自定义短语"对话框，如图 10-12 所示。

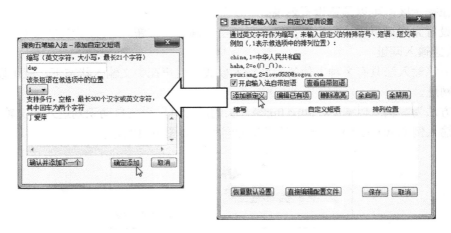

图 10-12　"添加自定义短语"对话框

（5）在"缩写"中输入一个字符串，即为需要设置的编码。在"该条短语在候选项中的位置"中，选择候选位置，默认为 1。在编辑区，输入需要定义的文字内容。最后，单击"确定添加"按钮。

设置完毕后，当在文本编辑状态下，输入定义好的编码时，将会自动显示前面设置好的短语，如图 10-13 所示。

图 10-13　使用自定义短语

 提示：

设置自己常用的自定义短语可以提高输入效率。例如，使用 yx,1=wangshi@sogou.com，当输入 yx 并按下空格键后，就输入了 wangshi@sogou.com。又如，使用 sfz,1=130123456789，当输入 sfz 并按下空格键，就可以输入 130123456789。用户还可以添加、删除、修改自定义短语。另外，自定义短语还支持多行、空格以及指定位置。

9. 设置输入模式

考虑到五笔入门难度较高，为了满足不同用户的需求，系统提供了 3 种输入模式。

（1）纯五笔：此模式下输入法只识别五笔编码，重码较少，适合五笔熟练者使用。

（2）五笔拼音混输：输入法默认的模式。输入法既可以识别五笔编码，也可以识别拼音。

适合对五笔不熟练的初学者使用。

（3）纯拼音：此模式下输入法只识别拼音，适合临时需要拼音输入的用户。

用户通过单击输入状态栏中的"设置菜单"按钮，在弹出菜单中可以进行快速设置，如图 10-14 所示。

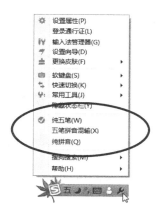

图 10-14　设置输入模式

另外，也可以在"搜狗五笔输入法设置"的"常规"选项卡中，对每个输入模式进行详细设置，如图 10-15 所示。

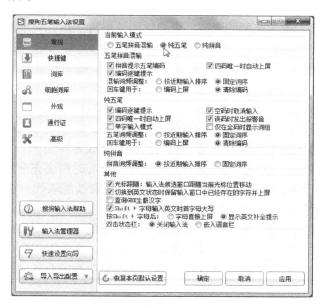

图 10-15　"常规"选项卡

（1）五笔拼音混合输入的设置

若选中"拼音提示五笔编码"，则输入拼音时，候选项中提示该字词的五笔编码。

若选中"编码逐键提示"，则每输入一个字符时都给出相应字词的五笔编码。

若选中"四码唯一时自动上屏"，则当输入的 4 个编码只有一个候选项时自动上屏。

在"混输词频调整"中，可以选择五笔拼音混输模式下的调频方式。

（2）纯五笔输入的设置

若选中"编码逐键提示"，则每输入一个编码时都对候选字的完整编码进行提示。

若选中"四码唯一时自动上屏"，则当输入一个全码且没有重码时，该字自动上屏，不需再按空格。

若选中"空码时取消输入"，则当输入一个全码，而这个全码没有字词与之对应时，自动取消输入。

若选中"误码时发出报警音"，则当输入一个错误的编码时，将发生提示音进行提醒。

若选中"单字输入模式"，则候选项中只列出单字。

在"五笔词频调整"中，可以设置纯五笔输入模式下的调频方式。

（3）纯拼音输入的设置

纯拼音模式下，可以进行拼音词频调整，选择是否"按近期输入排序"或"固定次序"。

使用搜狗五笔输入法输入下面的短文，可反复输入练习。

大数据

现在的社会是一个高速发展的社会，科技发达，信息流通，人们之间的交流越来越密切，生活也越来越方便，大数据就是这个高科技时代的产物。

有人把数据比喻为蕴藏能量的煤矿。煤炭按照性质有焦煤、无烟煤、肥煤、贫煤等分类，而露天煤矿、深山煤矿的挖掘成本又不一样。与此类似，大数据并不在"大"，而在于"有用"。价值含量、挖掘成本比数量更为重要。对于很多行业而言，如何利用这些大规模数据是赢得竞争的关键。

大数据的价值体现在以下几个方面：

（1）对大量消费者提供产品或服务的企业可以利用大数据进行精准营销。

（2）做小而美模式的中小微企业可以利用大数据做服务转型。

（3）面临互联网压力之下必须转型的传统企业需要与时俱进充分利用大数据的价值。

不过，"大数据"在经济发展中的巨大意义并不代表其能取代一切对于社会问题的理性思考，科学发展的逻辑不能被湮没在海量数据中。

在这个快速发展的智能硬件时代，困扰应用开发者的一个重要问题就是如何在功率、覆盖范围、传输速率和成本之间找到那个微妙的平衡点。企业组织利用相关数据和分析可以帮助自身降低成本、提高效率、开发新产品、做出更明智的业务决策等。

10.2　智能五笔输入法

由陈桥工作室制作的智能五笔输入法，把传统的五笔字型和智能化的输入技术结合起来，增加了笔画输入，具有智能提示、语句输入、语句提示及简化输入、智能选词等多项非常实用的独特技术，支持繁体汉字输出、各种符号输出、大五码汉字输出，内含丰富的词库和强大的词库管理功能，灵活强大的参数设置功能，可实现字、词、句混合输入，从而使五笔字型的使用性能大大提高。

下面以智能五笔 7.9 输入法为例，介绍其使用方法。

10.2.1　安装及界面

1．下载和安装

用户可通过陈桥网站下载智能陈桥五笔输入法的注册版来安装使用。方法如下：

（1）进入智能五笔的主页，如图 10-16 所示。用鼠标单击下载智能五笔软件的链接，出现提示后，将文件保存到本地计算机中。

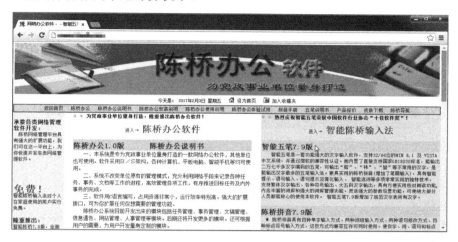

图 10-16　下载智能五笔输入法

（2）执行下载后的安装程序，如图 10-17 所示，单击"确定安装"按钮。

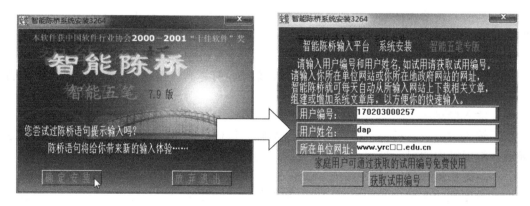

图 10-17　安装智能五笔输入法

（3）输入用户编号，或者输入试用编号，再次单击"确定安装"按钮。

（4）接着选择安装路径，继续单击"确定安装"按钮，安装程序会很快把智能五笔安装到用户的计算机上。

2．启动智能五笔

安装完毕后，单击输入法图标，如图 10-18 所示，输入法中多了一项"智能陈桥输入平台 7.9"，选中后，即可将输入法切换到智能五笔输入法状态。

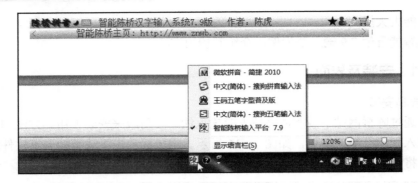

图 10-18　选择智能陈桥输入法

智能五笔的初始窗口如图 10-19 所示。

图 10-19　智能五笔初始窗口

（1）名称区

显示当前所挂接汉字输入法的名称，系统默认为"智能五笔"。当挂接了其他输入法时，该区将显示所挂接的输入法名称。用鼠标单击"智能五笔"时，系统将在"陈桥拼音"和"智能五笔"二者之间互相转换。

（2）全角半角状态区

用于当前系统输入法的全角或半角状态的设置和显示。用鼠标单击 ● 时，系统将在"全角" ● 和"半角" ☽ 状之间互相转换。

（3）智能键盘区

用于智能键盘的切换。用鼠标单击 ⌨ 时，系统将打开智能键盘，从中可以输入一些特殊符号等。

（4）输入信息区

用于输入键码及各种提示信息的显示。如输入键码的显示，汉字简码的提示，输入速度的提示，常用操作的提示等。

（5）功能快捷操作区

为了方便某些常用功能的快捷操作，智能陈桥将一些常用的功能以图标的形式放到了这个区域。例如，图标 👥 表示增加词组，图标 ✎ 表示保密开关。

（6）输出信息区

输出信息区主要用于操作结果输出信息的显示，如输出汉字的显示、语句提示的显示等。

3．参数设置

智能五笔的窗口类型是可以设置的，在窗口任意位置单击鼠标右键，如图 10-20 所示，在弹出的快捷菜单中单击"参数设置"命令，将弹出"参数设置"对话框。

在"参数设置"对话框中提供了很多参数，例如，"基本设置"选项卡中的"提示信息"

和"外码提示"方式对初学者十分适用。下面仅介绍几个常用的功能设置。

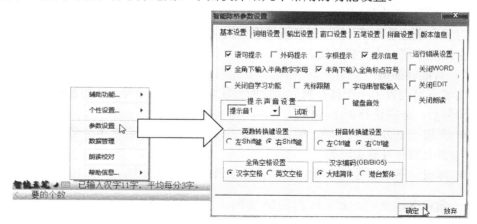

图 10-20　参数设置

（1）设置窗口类型

在"参数设置"对话框的"窗口设置"选项卡中，默认情况下是"双行"，用户可以把它设置成"单行"。设置成单行后的窗口如图 10-21 所示。

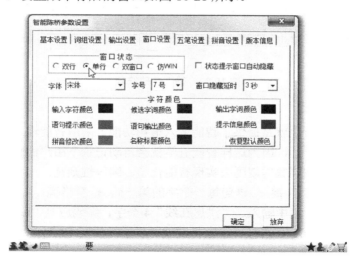

图 10-21　单行窗口

（2）提示信息

选中"提示信息"复选框，在输入的同时向用户提示词组、简码、输入速度等帮助学习的信息。

（3）外码提示

选中"外码提示"复选框，并在"词组设置"选项卡中选中"智能方式"，也可以在输入的同时帮助用户养成良好的输入习惯，提高输入速度。

（4）快速切换全角/半角

选中"全角下输入半角数字字母"、"半角下输入全角标点符号"，可以省去用快捷键在全角/半角之间来回切换的麻烦。

10.2.2 使用方法

对于一个五笔高手，使用智能五笔会很快上手，如果能掌握智能五笔强大的智能化功能，则更会如虎添翼，大大提升输入效率。

1．智能转换键

智能五笔设置了一个具有强大功能的智能转换键——分号。在智能五笔输入状态下，按一下分号后，分别进行如下操作：

- 再按一下分号";"键，输出分号。也就是说在智能五笔中分号的输入是通过双击键盘上的分号键实现的。
- 再按一下单引号"'"键，则进入数字及短文输入状态，如图 10-22 所示。

图 10-22 数字及短文输入状态

- 按下"/"键，将打开智能五笔输入特殊符号的功能，如图 10-23 所示。

图 10-23 输入特殊符号

2．智能输入语句

智能五笔的另一个特色就是提供了智能输入语句功能。采用智能输入语句的前提是该语句已在智能五笔中输入过了，因为这样智能五笔就会自动记录下用户的输入习惯，在下次输入同一语句时，就可以按照编码规则去实现智能化了。编码规则是：

";"键 + 语句每一个字的第一码 + 空格键

例如，已经在智能五笔中输入了"洪恩在线"4个字，编码应是"iaw ldn d xg"，而下次输入时，只需输入";ILDX"，再按一下空格键就可以了，如图 10-24 所示。

图 10-24 智能输入语句

智能陈桥语句输入具有简化输入功能，即当以智能语句输入时打入三码或三码以上时，提示行将显示近期输入的与所输入编码相对应的语句。如该语句正是需要的，则可输入句号键。如果只需要该语句其中的前一部分，则可输入逗号键（或 Z 键）来调整输出长度，即每输入一个逗号键就会增加一个字的长度，最后以空格键输出。

3．Z 键的应用

由于五笔字型的编码键只有 25 个，而标准键盘有 26 个字母键，字母键 Z 没有被列入编码键。因此，五笔字型就把这一未用的 Z 键定义为学习键。智能五笔输入法的 Z 键有 5 种功能：

（1）在输入汉字单字中，可用学习键来代替该汉字编码中的任一个忘记了的编码。比如输入"邢"字时，只知道"GA"两个编码，这时就可以输入"GAZ"，如图 10-25 所示，智能五笔会把符合条件的字都列出来，再按一下数字键 6 就可以了。

图 10-25　Z 键的使用

（2）在输入词组中，可用学习键来代替该词组后三个编码中任何一个忘记了的编码。

（3）在智能语句输入中，可用学习键来代替所输入语句第三个编码以后任一个忘记了的编码。

（4）学习键＋空格键可以重复输入刚输出的字或词。

（5）四码全为学习键，可输出词库难字表中存放的不易记住编码的汉字。连按四下 Z 键，如图 10-26 所示，输出区中列出了不易记住的字，按"Shift+>"组合键可以翻页查找。

图 10-26　四码全为学习键

4．快捷增加词组

智能五笔还具有在输入过程中快捷增加词组的功能。操作规则为：

分号键+数字键（1-6）

数字键为 1：增加复制到 Windows 剪贴板中的词组；
数字键为 2：增加刚输入的最后两个字组成的词组；
数字键为 3：增加刚输入的最后三个字组成的词组；
数字键为 4：增加刚输入的最后四个字组成的词组；
数字键为 5：增加刚输入的最后五个字组成的词组；
数字键为 6：增加刚输入的最后六个字组成的词组。

例如，要向词库中添加"管理权"这个词组，在输入完"经营管理权"这 5 个字组成的词组后，再按一下";"和"3"键，将弹出增加词组窗口，如图 10-27 所示。在"你确定要增加下面的词组吗？"栏中出现了要添加的词组，单击"确定"按钮，该词组就被添加到词库中了。

图 10-27　快捷增加词组

5．屏幕取词

屏幕取词的方法是：

（1）用鼠标选中屏幕上要添加的词组。

（2）单击输入法窗口右上角的  按钮，将弹出如图10-28所示添加词库窗口。

图10-28　通过屏幕取词添加词组

（3）单击"确定"按钮即可。

10.2.3　陈桥拼音输入

智能陈桥内置了拼音输入法，该拼音输入法支持全拼和双拼键盘，可实行字、词、语句的混合输入，是一个非常实用的拼音输入法。它可作为五笔输入的辅助输入手段，也可单独作为拼音输入法来使用。全拼输入和双拼输入的操作方法基本上是一样的，下面仅对全拼操作做简单介绍。

1．用拼音输入单字

智能陈桥的陈桥拼音可采取以下两种方式来输入单个汉字。

（1）输入该汉字的拼音码，再进行翻页选取。

例如，当需输入"智"字时，则输入该汉字的拼音码 zhi，再通过翻页看到该汉字，如图10-29所示，通过数字键选择就可输出该汉字。选择输出后，当再次输入该汉字时，它就排在了第一位。

图10-29　输入汉字的拼音码

（2）输入含有该汉字的词组，再使用选取键进行选取。选取键定义为："["选取词组中的第一字，"]"选取词组中的最后一字，"'"（位于分号键旁边的引号键）选取词组中的第二个字。

例如，当要输入"智"字时，可输入 caizhi，当"才智"位于第一位时，就可用"]"来选取输出"智"字，如图10-30所示。

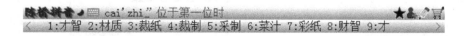

图10-30　输入词组后用选取键取字

2．用拼音输入词组

陈桥拼音的词组输入非常灵活，可采取以下多种方式来输入。

（1）输入词组的拼音码，再进行选择输出

例如，当需要输入词组"五笔"时，可输入其拼音码 wubi，即可在提示行中选择输出，如图 10-31 所示。

图 10-31　输入词组的拼音码

（2）输入词组某一字或多字的拼音码和其他汉字的声母码，再进行选择输出

例如，当需要输入词组"五笔"时，输入该词组汉字的拼音和声母 wub 或 wbi，就可在提示行中选取输出，如图 10-32 所示。

图 10-32　拼音码和声母混合输入

又如，当需要输入词组"计算机"时，输入该词组汉字的拼音和声母 jisj 或 jsji 或 jsuanj 或 jisji，就可在提示行中选择输出。

（3）输入词组各汉字的声母码，再进行选择输出

例如，当需要输入词组"教师"时，输入该词组的声母 js，则就可在提示行中选择输出，如图 10-33 所示。

图 10-33　声母输入词组

（4）对某些字词同码的词组，采取分号作为拼音分隔符输入

例如，当需要输入词组"西安"时，可采用分隔符来输入 xi;an，然后在提示行中选择输出。当需要输入词组"天安门"时，可采用分隔符来输入 t;am。

3．拼音状态下的语句输入

在陈桥拼音状态下也能进行语句输入，其规则基本与词组输入规则基本相同。语句输入编码规则：语句中每个汉字的声母（第一码）或声韵母，用分号键作分音符来分隔声韵母。可输出 30 个字母以内的声母或声韵母组成的语句。

（1）语句输入中的修改规则

用向前方向键（←）和向后方向键（→）调整要修改的位置，用向上方向键（↑）或向下方向键（↓）进入修改状态或退出修改状态，用翻页键和数字键进行修改。

（2）修改方法与技巧

一次性将全句输入完毕后，再由前向后进行修改，修改完毕后用空格输出。

（3）语句输入中的简化操作

当在输入某一语句编码的前一部分编码时，所希望输入的语句已经在提示行中用两种颜色进行了显示，这时可用逗号键来增加输出语句的长度，再按空格键来输出语句。或用句号键来取全句，再按空格键来输出语句。另外，陈桥拼音还规定用 u 代替"的"的拼音，用 i 代替"是"的拼音，用 v 代替标点符号。

4. 用拼音反查汉字的五笔编码

陈桥拼音作为智能五笔辅助输入的一个最大特点，就是在输出单汉字的同时可得到该汉字的五笔编码，这对许多初学五笔的用户来说是一项非常有用的功能。具体操作如下：

（1）用鼠标右击智能陈桥状态提示窗口，在弹出的菜单中单击"参数设置"命令，在"参数设置"对话框的"输出设置"选项卡中，将"拼音输出时提示五笔编码"参数项设置为选中状态，如图10-34所示。

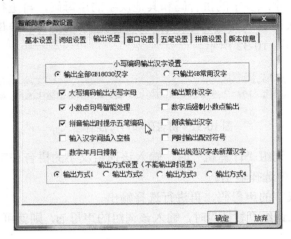

图10-34 "输出设置"选项卡

（2）通过右侧Ctrl键或左侧Ctrl键转换到拼音状态下，用拼音输出单汉字的方法输出要查看编码的汉字。

（3）在输出该汉字的同时，智能陈桥系统会在提示窗口中显示该汉字的五笔编码。

例如，在五笔输入中当需要输入"舞"字时，却不知该汉字的五笔编码，可转换到陈桥拼音状态下，输入拼音编码wu，就可选择输出"舞"字，在输出该汉字的同时，就会在状态提示窗口中给出提示："舞"字的五笔编码为：rlg，如图10-35所示。这样，就知道"舞"字的五笔编码为rlg，可通过转换键再转换回五笔状态，继续用五笔输入。

图10-35 反查汉字的五笔编码

使用智能五笔输入法输入下面的短文，可反复输入练习。

物联网

物联网是新一代信息技术的重要组成部分，也是"信息化"时代的重要发展阶段。其

续表

> 英文名称是"Internet of things（IoT）"。
>
> 　　顾名思义，物联网就是物物相连的互联网。这有两层意思：其一，物联网的核心和基础仍然是互联网，是在互联网基础上的延伸和扩展的网络；其二，其用户端延伸和扩展到了任何物品与物品之间，进行信息交换和通信，也就是物物相息。
>
> 　　物联网通过智能感知、识别技术与普适计算等通信感知技术，广泛应用于网络的融合中，也因此被称为继计算机、互联网之后世界信息产业发展的第三次浪潮。
>
> 　　物联网是互联网的应用拓展，与其说物联网是网络，不如说物联网是业务和应用。因此，应用创新是物联网发展的核心，以用户体验为核心的创新 2.0 是物联网发展的灵魂。

10.3　万能五笔输入法

　　万能五笔输入法是一种集国内流行的五笔字型输入法及拼音、英语、笔画、拼音+笔画等多种输入法为一体的多元输入法，而且是一种以优先选择五笔字型高速输入为主的快速输入法。它打破了传统输入法单向编码的历史禁锢，提供了综合解决方案，全面解决中文输入的烦恼，在同一窗口无须作任何的手工切换，从而可以"会五笔打五笔，会拼音打拼音，会英语打英语，五笔、拼音、英语都不会就打笔画，还可拼音加笔画"等。

　　该系统不但自带高达 10 万的大词库，同时还提供了用户自由组合输入法码表的自制功能，有效地提高了输入速度，而且还增加了输入窗口随心所欲换肤功能，使输入界面风格更华丽、更有个性化。

1．安装和启动

　　该软件完全免费，可到官方网站下载，如图 10-36 所示，下载后进行安装。

图 10-36　万能五笔输入法下载网站

　　安装完成后，从指示器中选择"万能五笔输入法"，激活该输入法，其界面如图 10-37 所示。

2．五笔输入

　　按传统的五笔字型编码正常输入即可，如图 10-38 所示。

图 10-37　输入窗口界面

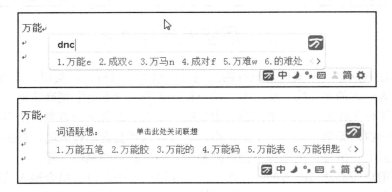

图 10-38　五笔输入

例如：

石【dgtg】	软【lqw】	万【dnv】
脑【eyb】	件【wrh】	电脑【jney】
万能【dnce】	五笔【ggtt】	计算机【ytsm】
万能五笔【dcgt】	中国共产党【klai】	万能五笔输入法【dcgi】

3．拼音输入

按正常输入即可，无须作任何切换。有词组输词组，有简码输简码，以便更好地提高录入效率，如图 10-39 所示。

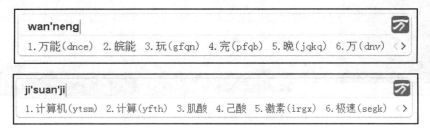

图 10-39　拼音输入

4．英语输入

与其他输入法不同的是万能五笔多元输入法还提供英语输入功能。如果英语水平不错，可用英语输入，这在某种程度上可提高输入效率。如果英语水平不太理想，本软件可以帮助学习和运用英语，如图 10-40 所示。

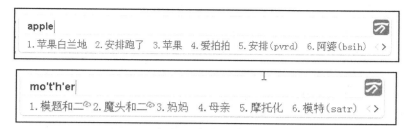

图 10-40　英语输入

在此，可以直接输入英语单词，无须作任何的手工切换，例如：

文件【file】　苹果【apple】　　电脑【pc、computer】　　美丽的【beautiful】

5. 笔画输入

当遇到一些用拼音、五笔或英语不会输入的字，可使用万能码提供的笔画输入功能。这种原始的方法，能绝对保证在整个输入系统里一定能输入所需的汉字。

五种笔画与键位的关系，如表 10-1 所示。

表 10-1　五种笔画与键位的关系

笔　画	键　位	备　注
横"一"	H	提算横（H）
竖"丨"	I	
撇"丿"	P	
捺"丶"	N	点算捺（N）
折"乙"	V	带转折的笔画全部算折（V）

笔画输入的方法：

（1）按每个字的"前 4 笔＋末 1 笔"共 5 笔输入。例如：

会【pnhhn】　　国【ivhhh】　　重【phivh】　　要【hivih】

（2）当笔画输入方法不足 5 笔时补加输入字母"o"。例如：

小【vpno】　　于【hhvo】　　中【ivhio】　　见【ivpvo】

使用万能五笔输入法输入下面的短文，可反复输入练习。

穿戴式智能设备

"穿戴式智能设备"是应用穿戴式技术对日常穿戴进行智能化设计、开发出可以穿戴的设备的总称，如眼镜、手套、手表、服饰及鞋等。

广义穿戴式智能设备包括功能全、尺寸大、可不依赖智能手机实现完整或者部分的功能，例如：智能手表或智能眼镜等，以及只专注于某一类应用功能，需要和其他设备如智能手机配合使用，如各类进行体征监测的智能手环、智能首饰等。随着技术的进步以及用

续表

> 户需求的变迁，可穿戴式智能设备的形态与应用热点也在不断地变化。
>
> 　穿戴式技术在国际计算机学术界和工业界一直都备受关注，只不过由于造价成本高和技术复杂，很多相关设备仅仅停留在概念领域。随着移动互联网的发展、技术进步和高性能低功耗处理芯片的推出等，部分穿戴式设备已经从概念化走向商用化，新式穿戴式设备不断传出，谷歌、苹果、微软、索尼等诸多科技公司也都开始在这个全新的领域深入探索。

10.4　极品五笔输入法

极品五笔输入法适用于多种操作系统，通用性能较好，收录词组 52000 余条。另外，极品五笔输入法对最终用户是完全免费的，无须注册。

1．下载与安装

可以从极品五笔官网下载该软件，如图 10-41 所示。下载后双击安装程序，打开安装向导，一直单击"下一步"按钮即可完成安装。

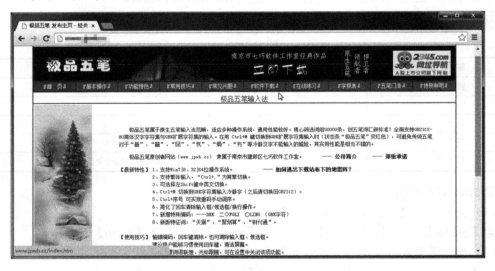

图 10-41　极品五笔官网

安装完成后，单击输入法指示器，选择"极品五笔 2017"，即可激活该输入法，如图 10-42 所示。

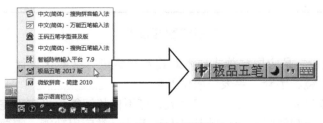

图 10-42　极品五笔输入法

极品五笔的使用方法与上述其他五笔输入方法大致相同，下面简单介绍其使用技巧。

2．设置光标跟随状态

可以根据需要取消输入过程中的光标跟随状态，具体操作方法如下：

（1）右键单击右下角的输入法提示图标，在弹出的菜单中选择"设置"。

（2）在弹出的"文本服务和输入语言"对话框中，选中"极品五笔 2017 版"，如图 10-43 所示，再单击"属性"按钮。

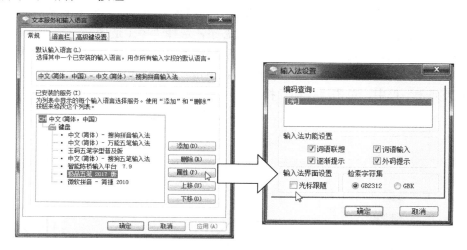

图 10-43　设置光标跟随状态

（3）在"输入法设置"对话框中将"光标跟随"选项取消，再单击"确定"按钮。这样，汉字提示栏将以一个长条状显示在屏幕的最下边，而不影响汉字的录入。

3．输入法的缺省设置

固定使用极品五笔输入法的人，希望一开机极品五笔输入法就自动激活。实现方法如下：

（1）右键单击输入法提示图标，在快捷菜单中选择"设置"，将弹出"文本服务和输入语言"对话框。

（2）在"默认输入语言"项中，选中"极品五笔 2017 版"，如图 10-44 所示。

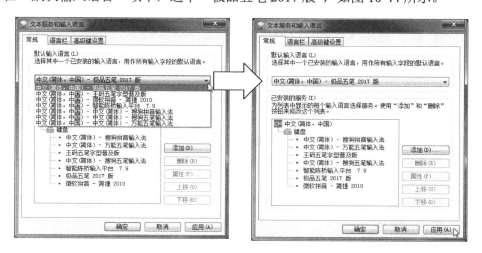

图 10-44　设置默认输入法

（3）单击"应用"按钮。

4．巧用极品五笔输入生僻字

极品五笔重码少、速度快。但有些 GBK 汉字它并不能输入。但按照下述使用极品五笔的方法，照样能输入常用的 GBK 汉字。

例如，我们要输入"囮"字，方法如下：

（1）先使用某种能够输入 GBK 汉字的输入法，打出"囮"字，并复制到剪贴板上。

（2）切换到极品五笔，右键单击输入法状态条，选择"手工造词"。

（3）在"手工造词"对话框中，将"囮"字粘贴到"词语"中，如图 10-45 所示。

（4）在"外码"中输入该字的编码"lxwi"，单击"添加"按钮。此时，该字及其编码出现在"词语列表"框中，单击"关闭"按钮。

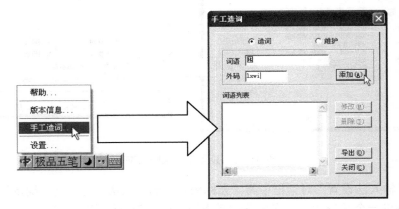

图 10-45 "手工造词"对话框

之后，在极品五笔输入状态下，直接输入"lwxi"就可录入"囮"字了，如图 10-46 所示。重复上述步骤可把常用的 GBK 汉字如法炮制成极品五笔的词组，以后再需要这些生僻字时，就可直接用极品五笔输入了。

图 10-46 使用手工造词

5．用全拼输入法反查极品五笔单字的编码

在使用极品五笔输入汉字的过程中，如果遇到不会输入的汉字，可以使用下面的方法，用全拼输入法反查极品五笔编码。设置及使用方法如下：

（1）激活全拼输入法，用鼠标右键单击全拼输入法状态条左边图标，在快捷菜单中选择"设置"项，如图 10-47 所示。

（2）在弹出的"输入法设置"对话框中，在"编码查询"中选择"极品五笔"。

（3）单击"确定"按钮。

在以后的使用过程中，如果遇到不会输入的单字时，可用全拼输入法输入这个单字，结束时可显示一个编码，如图 10-48 所示，这个绿色的编码就是该字极品五笔的编码。

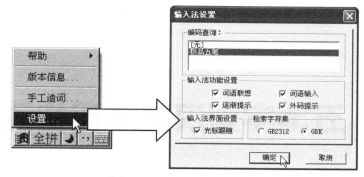

图 10-47 设置编码查询

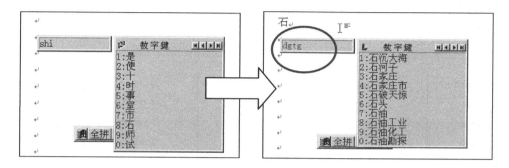

图 10-48 用全拼输入法反查极品五笔编码

 使用极品五笔输入法输入下面的短文,可反复输入练习。

手机导航

手机导航(Mobile Navigation)就是通过导航手机的导航功能,把你从目前所在的地方带到另一个你想要到达的地方。

手机导航就是卫星手机导航,它与手机电子地图的区别就在于,它能够告诉你在地图中所在的位置,以及你要去的那个地方在地图中的位置,并且能够在你所在位置和目的地之间选择最佳路线,并在行进过程中为你提示左转还是右转,这就是所谓的导航。

手机导航通过 GPS 模块、导航软件、GSM 通信模块相互分工,配合完成。

(1)GPS 模块完成对 GPS 卫星的搜索跟踪和定位速度等数据采集工作。

(2)导航软件地图功能将 GPS 模块得到的位置信息,不停地刷新电子地图,从而使我们在地图上的位置不停地运动变化。

(3)导航软件路径引导计算功能,根据我们的需要,规划出一条到达目的地的行走路线,然后引导我们向目的地行走。

(4)GSM 通信模块完成手机的通信功能,并可根据手机功能对采集来的 GPS 数据进行处理并上传指定网站。

第 11 章

五笔字型汉字编码快速查询

为了方便读者进行五笔字型练习，下面将常用汉字的 86 版五笔字型编码按汉语拼音顺序排列如下。

A

吖 kuh kuhh	矮 tdtv	氨 rnp rnpv	黯 lfoj	鳌 gqtj
阿 bs bskg	蔼 ayj ayjn	庵 ydjn	肮 eym eymn	鏊 gqtg
啊 kb kbsk	霭 fyjn	谙 yuj yujg	昂 jqb jqbj	麇 ynjq
锕 qbs qbsk	艾 aqu	鹌 djng	盎 mdl mdlf	拗 rxl rxln
哎 kaq kaqy	爱 ep epdc	鞍 afp afpv	凹 mmgd	祆 put putd
哀 yeu	砹 daqy	俺 wdjn	坳 fxl fxln	媼 vjl vjlg
唉 kct kctd	隘 buw buwl	埯 fdj fdjn	敖 gqty	吞 tdm tdmj
埃 fct fctd	嗌 kuw kuwl	铵 qpv qpvg	嗷 kgqt	傲 wgqt
挨 rct rctd	媛 vepc	揞 rujg	廒 ygq ygqt	奥 tmo tmod
锿 qyey	碍 djg djgf	犴 qtfh	獒 gqtd	鳌 gqtc
捱 rdff	暧 jep jepc	按 rpv rpvg	遨 gqtp	澳 itm itmd
毑 rmnn	瑷 gepc	案 pvs pvsu	熬 gqto	懊 ntm ntmd
癌 ukk ukkm	安 pv pvf	胺 epv epvg	翱 rdfn	鏖 gqtq
嗳 kep kepc	桉 spv spvg	暗 ju jujg	聱 gqtb	

B

八 wty	耙 ocn	爸 wqc wqcb	捭 rrt rrtf	斑 gyg gygg
巴 cnh cnhn	拔 rdc rdcy	罢 lfc lfcu	摆 rlf rlfc	搬 rte rtec
叭 kwy	茇 adc adcu	鲅 qgdc	呗 kmy	瘢 utec
扒 rwy	菝 ard ardc	霸 faf fafe	败 mty	癍 ugy ugyg
吧 kc kcn	跋 khdc	灞 ifa ifae	拜 rdfh	阪 brcy
岜 mcb	魃 rqcc	掰 rwvr	稗 trtf	坂 frc frcy
芭 ac acb	把 rcn	白 rrr rrrr	扳 rrc rrcy	板 src srcy
疤 ucv	钯 qcn	百 dj djf	班 gyt gytg	版 thgc
捌 rklj	靶 afc afcn	佰 wdj wdjg	般 tem temc	钣 qrc qrcy
笆 tcb	坝 fmy	柏 srg	颁 wvd wvdm	舨 terc

办 lw lwi	鲍 qgq qgqn	迸 uap uapk	跸 khxf	辨 uyt uytu
半 uf ufk	暴 jaw jawi	髭 fkun	辟 nku nkuh	辩 uyu uyuh
伴 wuf wufh	爆 oja ojai	蹦 khme	弊 umia	辫 uxu uxuh
扮 rwv rwvn	陂 bhc bhcy	逼 gklp	碧 grd grdf	灬 oyy oyyy
拌 rufh	卑 rtfj	荸 afpb	箅 tlg tlgj	杓 sqyy
绊 xuf xufh	杯 sgi sgiy	鼻 thl thlj	蔽 aum aumt	彪 hame
瓣 ur urcu	悲 djdn	匕 xtn	壁 nkuf	标 sfi sfiy
邦 dtb dtbh	碑 drt drtf	比 xx xxn	嬖 nkuv	飑 mqqn
帮 dt dtbh	鹎 rtfg	吡 kxx kxxn	篦 ttlx	髟 det
梆 sdt sdtb	北 ux uxn	妣 vxx vxxn	薜 ank anku	骠 cs csfi
浜 irgw	贝 mhny	彼 thc thcy	避 nk nkup	朦 esf esfi
绑 xdt xdtb	狈 qtmy	秕 txx txxn	濞 ithj	瘭 usf usfi
榜 sup supy	邶 uxb uxbh	俾 wrt wrtf	臂 nkue	镖 qsf qsfi
膀 eup eupy	备 tlf	笔 tt ttfn	髀 merf	飙 dddq
蚌 jdh jdhh	背 uxe uxef	舭 tex texx	璧 nkuy	飚 mqo mqoo
傍 wup wupy	钡 qmy	鄙 kfl kflb	襞 nkue	镳 qyno
棒 sdw sdwh	倍 wuk wukg	币 tmh tmhk	边 lp lpv	表 ge geu
谤 yup yupy	悖 nfpb	必 nt nte	砭 dtp dtpy	婊 vgey
旁 aupy	被 puhc	毕 xxf xxfj	笾 tlp tlpu	裱 puge
磅 dup dupy	惫 tln tlnu	闭 uft ufte	编 xyna	鳔 qgs qgsi
镑 qup qupy	焙 ouk oukg	庇 yxx yxxv	煸 oyna	憋 umin
勹 qtn	辈 djdl	畀 lgj lgjj	蝙 jyna	鳖 umig
包 qn qnv	碚 duk dukg	哔 kxxf	鳊 qgya	别 klj kljh
孢 bqn bqnn	蓓 awuk	滗 xxnt	鞭 afw afwq	蹩 umih
苞 aqn aqnb	褙 puue	荜 axxf	贬 mtp mtpy	瘪 uthx
煲 wkso	鞴 afae	陛 bx bxxf	扁 ynma	宾 pr prgw
鲍 hwbn	鐾 nkuq	毙 xxgx	窆 pwtp	彬 sse sset
褒 ywk ywke	奔 dfa dfaj	狴 qtxf	匾 ayna	傧 wpr wprw
雹 fqn fqnb	贲 fam famu	铋 qntt	碥 dyna	斌 yga ygah
宝 pgy pgyu	锛 qdf qdfa	婢 vrt vrtf	褊 puya	滨 ipr iprw
饱 qnqn	本 sg sgd	庳 yrt yrtf	卞 yhu	缤 xpr xprw
保 wk wksy	苯 asg asgf	敝 umi umit	弁 caj	槟 spr sprw
鸨 xfq xfqg	畚 cdl cdlf	萆 art artf	忭 nyhy	镔 qpr qprw
堡 wksf	坌 wvff	弼 xdj xdjx	汴 iyh iyhy	濒 ihim
葆 awk awks	笨 tsg tsgf	愎 ntjt	苄 ayh ayhu	豳 eem eemk
褓 puws	崩 mee meef	筚 txxf	挊 rca rcah	摈 rpr rprw
报 rb rbcy	绷 xee xeeg	滗 itt ittn	便 wgj wgjq	殡 gqp gqpw
抱 rqn rqnn	嘣 kme kmee	痹 ulgj	变 yo yocu	膑 epr eprw
豹 eeqy	甭 gie giej	蓖 atl atlx	缏 xwgq	髌 mepw
趵 khqy	泵 diu	裨 pur purf	遍 ynm ynmp	鬓 depw

氵 uyg	拨 rnt rnty	帛 rmh rmhj	踏 khuk	补 puh puhy
冰 ui uiy	波 ihc ihcy	泊 ir irg	薄 aig aigf	哺 kge kgey
兵 rgw rgwu	玻 ghc ghcy	勃 fpb fpbl	礴 dai daif	捕 rge rgey
丙 gmwi	剥 vijh	亳 ypta	跛 khhc	不 gi i
邴 gmwb	钵 qsg qsgg	钹 qdcy	簸 tadc	布 dmh dmhj
秉 tgv tgvi	馞 qnfb	铂 qrg	擘 nkur	步 hi hir
柄 sgm sgmw	啵 kih kihc	舶 ter terg	檗 nkus	怖 ndm ndmh
炳 ogmw	脖 efp efpb	博 fge fgef	逋 gehp	坏 qgiy
饼 qnu qnua	菠 aih aihc	渤 ifp ifpl	铺 qdmh	部 uk ukbh
禀 ylki	播 rtol	鹁 fpbg	晡 jgey	埠 fwn fwnf
并 ua uaj	伯 wr wrg	搏 rgef	醭 sgoy	瓿 ukg ukgn
病 ugm	孛 fpbf	箔 tir tirf	卜 hhy	簿 tig tigf
摒 rnua	驳 cqq cqqy	膊 egef	卟 khy	

C

嚓 kpw kpwi	仓 wbb	层 nfc nfci	侪 wyj wyjh	辗 ujfe
擦 rpwi	伧 wwbn	蹭 khuj	柴 hxs hxsu	忏 ntfh
礤 daw dawi	沧 iwb iwbn	叉 cyi	豺 eef eeft	颤 ylkm
猜 qtge	苍 awb awbb	杈 scyy	虿 dnju	羼 nudd
才 ft fte	舱 tew tewb	插 rtf rtfv	瘥 uuda	伥 wta wtay
材 sft sftt	藏 adnt	馇 qns qnsg	觇 hkm hkmq	昌 jj jjf
财 mf mftt	操 rkk rkks	锸 qtfv	掺 rcd rcde	娼 vjj vjjg
裁 fay faye	糙 otf otfp	查 sj sjgf	搀 rqku	猖 qtjj
采 es esu	曹 gma gmaj	苴 adhf	婵 vuj vujf	菖 ajjf
彩 ese eset	嘈 kgmj	茶 aws awsu	谗 yqk yqku	阊 ujjd
睬 hes hesy	漕 igmj	搽 raws	孱 nbb nbbb	鲳 qgjj
踩 khes	槽 sgmj	猹 qts qtsg	禅 pyuf	长 ta tayi
菜 ae aesu	艚 tegj	槎 suda	馋 qnqu	肠 enr enrt
蔡 awf awfi	蝽 jgmj	察 pwfi	缠 xyj xyjf	苌 ata atay
参 cd cder	廿 aghh	碴 dsj dsjg	蝉 jujf	尝 ipf ipfc
骖 ccd ccde	草 ajj	檫 spwi	廛 yjf yjff	偿 wi wipc
餐 hq hqce	册 mm mmgd	衩 puc pucy	潺 inbb	常 ipkh
残 gqg gqgt	侧 wmj wmjh	镲 qpwi	镡 qsjh	徜 tim timk
蚕 gdj gdju	厕 dmjk	汊 icyy	蟾 jqd jqdy	嫦 viph
惭 nl nlrh	恻 nmj nmjh	岔 wvmj	躔 khyf	厂 dgt
惨 ncd ncde	测 imj imjh	诧 ypta	产 u ute	场 fnrt
黪 lfoe	策 tgm tgmi	姹 vpt vpta	谄 yqvg	昶 ynij
灿 om omh	岑 mwyn	差 uda udaf	铲 qut qutt	惝 nim nimk
粲 hqco	涔 imw imwn	拆 rry rryy	阐 uuj uujf	敞 imkt
璨 ghq ghqo	噌 kul kulj	钗 qcy qcyy	蒇 admt	氅 imkn

怅 nta ntay	闯 ucd	痴 utdk	铳 qyc qycq	绌 xbm xbmh
畅 jhnr	衬 puf pufy	螭 jybc	抽 rm rmg	搐 ryxl
倡 wjjg	称 tq tqiy	魑 rqcc	瘳 unwe	触 qejy
鬯 qob qobx	龀 hwbx	弛 xb xbn	仇 wvn	憷 nss nssh
唱 kjj kjjg	趁 fhwe	池 ib ibn	俦 wdtf	黜 lfom
抄 rit ritt	榇 sus susy	驰 cbn	帱 mhd mhdf	蠢 fhfh
怊 nvk nvkg	谶 ywwg	迟 nyp nypi	惆 nmf nmfk	搋 rrhm
钞 qit qitt	柽 scfg	茌 awff	绸 xmf xmfk	揣 rmd rmdj
焯 ohj ohjh	蛏 jcfg	持 rf rffy	畴 ldt ldtf	啜 kccc
超 fhv fhvk	铛 qiv qivg	匙 jghx	愁 tonu	嘬 kjb kjbc
巢 vjs vjsu	撑 rip ripr	墀 fni fnih	稠 tmfk	踹 khmj
朝 fje fjeg	瞠 hip hipf	踟 khtk	筹 tdtf	巛 vnnn
嘲 kfj kfje	丞 big bigf	篪 trhm	酬 sgyh	川 kthh
潮 ifj ifje	成 dn dnnt	尺 nyi	踌 khdf	穿 pwat
吵 ki kitt	呈 kg kgf	侈 wqq wqqy	雠 wyy wyyy	传 wfny
炒 oi oitt	承 bd bdii	齿 hwb hwbj	丑 nfd	舡 tea teag
耖 diit	枨 sta stay	耻 bh bhg	瞅 hto htoy	船 temk
车 lg lgnh	诚 ydn ydnt	豉 gkuc	臭 thdu	遄 mdmp
砗 dlh	城 fd fdnt	褫 purm	出 bm bmk	椽 sxe sxey
扯 rhg	乘 tux tuxv	彳 ttth	初 puv puvn	舛 qah qahh
屮 bhk	埕 fkg fkgg	叱 kxn	樗 sffn	喘 kmd kmdj
彻 tavn	铖 qdn qdnt	斥 ryi	刍 qvf	串 kkh kkhk
坼 fry fryy	惩 tghn	赤 fo fou	除 bwt bwty	钏 qkh
掣 rmhr	程 tkgg	饬 qntl	厨 dgkf	囱 tlqi
撤 ryc ryct	裎 puk pukg	炽 ok okwy	滁 ibw ibwt	疮 uwb uwbv
澈 iyct	塍 eudf	翅 fcn fcnd	锄 qegl	窗 pwt pwtq
抻 rjh rjhh	醒 sgkg	敕 gkit	蜍 jwt jwty	床 ysi
郴 ssb ssbh	澄 iwgu	啻 upmk	雏 qvw qvwy	创 wbj wbjh
琛 gpw gpws	橙 swgu	傺 wwfi	橱 sdgf	怆 nwb nwbn
嗔 kfhw	逞 kgp kgpd	瘛 udhn	蹰 khaj	吹 kqw kqwy
尘 iff	骋 cmg cmgn	充 yc ycqb	蹰 khdf	炊 oqw oqwy
臣 ahn ahnh	秤 tgu tguh	冲 ukh ukhh	杵 stfh	垂 tga tgaf
忱 np npqn	吃 ktn ktnn	忡 nkh nkhh	础 dbm dbmh	陲 btgf
沉 ipm ipmn	哧 kfo kfoy	茺 ayc aycq	储 wyf wyfj	捶 rtgf
辰 dfe dfei	蚩 bhgj	春 dwv dwvf	楮 sftj	棰 stg stgf
陈 ba baiy	鸱 qayg	憧 nujf	楚 ssn ssnh	槌 swn swnp
宸 pdfe	眵 hqq hqqy	艟 teuf	褚 pufj	锤 qtgf
晨 jd jdfe	笞 tck tckf	虫 jhny	亍 fhk	春 dw dwjf
谌 yadn	嗤 kbhj	崇 mpf mpfi	处 th thi	椿 sdwj
碜 dcd dcde	媸 vbh vbhj	宠 pdx pdxb	怵 nsy nsyy	蝽 jdwj

纯 xgb xgbn	慈 uxxn	琼 gpf gpfi	窜 pwk pwkh	忖 nfy
唇 dfek	辞 tduh	凑 udw udwd	篡 thdc	寸 fghy
莼 axg axgn	磁 du duxx	楱 sdwd	饢 wfmo	搓 rud ruda
淳 iybg	雌 hxw hxwy	腠 edw edwd	崔 mwyf	磋 dud duda
鹑 ybq ybqg	鹚 uxxg	辏 ldw ldwd	催 wmwy	撮 rjb rjbc
醇 sgyb	糍 oux ouxx	粗 oe oegg	摧 rmw rmwy	蹉 khua
蠢 dwjj	此 hx hxn	徂 tegg	榱 syk syke	嵯 mud muda
踔 khhj	次 uqw uqwy	殂 gqe gqeg	璀 gmwy	痤 uww uwwf
戳 nwya	刺 gmi gmij	促 wkh wkhy	脆 eqd eqdb	矬 tdw tdwf
辶 pyny	赐 mjq mjqr	猝 qtyf	啐 kyw kywf	鹾 hlqa
绰 xhj xhjh	从 ww wwy	蔟 ayt aytd	悴 nywf	脞 eww ewwf
辍 lccc	匆 qry qryi	醋 sga sgaj	淬 iywf	厝 daj dajd
龊 hwbh	苁 awwu	簇 tyt tytd	萃 ayw aywf	挫 rww rwwf
呲 khxn	枞 sww swwy	蹙 dhih	毳 tfnn	措 raj rajg
疵 uhx uhxv	葱 aqrn	蹴 khyn	瘁 uyw uywf	锉 qww qwwf
词 yngk	骢 ctl ctln	汆 tyiu	粹 oyw oywf	错 qaj qajg
祠 pynk	璁 gtl gtln	撺 rpwh	翠 nywf	
茈 ahx ahxb	聪 bukn	镩 qpw qpwh	村 sf sfy	
茨 auqw	丛 wwg wwgf	蹿 khph	皴 cwtc	
瓷 uqwn	淙 ipfi		存 dhb dhbd	

D

哒 kdp kdpy	歹 gqi	丹 myd	弹 xuj xujf	刀 vn vnt
耷 dbf	傣 wdw wdwi	单 ujfj	惮 nuj nujf	刂 jhh
搭 rawk	代 wa way	担 rjg rjgg	淡 io iooy	叨 kvn
嗒 kawk	岱 wamj	眈 hpq hpqn	萏 aqvf	切 nvn
褡 pua puak	甙 aafd	耽 bpq bpqn	蛋 nhj nhju	氘 rnj rnjj
达 dp dpi	绐 xck xckg	郸 ujfb	氮 rno rnoo	导 nf nfu
妲 vjg vjgg	迨 ckp ckpd	聃 bmfg	澹 iqdy	岛 qynm
怛 njg njgg	带 gkp gkph	殚 gqu gquf	当 iv ivf	倒 wgc wgcj
沓 ijf	待 tffy	瘅 uujf	裆 puiv	捣 rqym
笪 tjgf	怠 ckn cknu	箪 tujf	挡 riv rivg	裯 pyd pydf
答 tw twgk	殆 gqc gqck	儋 wqd wqdy	党 ipk ipkq	蹈 khev
瘩 uaw uawk	玳 gwa gway	胆 ej ejgg	谠 yip yipq	到 gc gcfj
靼 afjg	贷 wamu	疸 ujg ujgd	凼 ibk	悼 nhjh
鞑 afdp	埭 fvi fviy	掸 rujf	宕 pdf	焘 dtfo
打 rs rsh	袋 waye	旦 jgf	砀 dnr dnrt	盗 uqwl
大 dd dddd	逮 vip vipi	但 wjg wjgg	荡 ain ainr	道 uthp
呆 ks ksu	戴 falw	诞 ythp	档 si sivg	稻 tev tevg
呔 kdyy	黛 wal walo	唉 koo kooy	菪 apd apdf	纛 gxf gxfi

得 tj tjgf	觚 meqy	叼 kng kngg	啶 kpgh	毒 gxgu
锝 qjgf	地 f fbn	凋 umf umfk	腚 epg epgh	读 yfn yfnd
德 tfl tfln	弟 uxh uxht	貂 eev eevk	碇 dpgh	渎 ifnd
的 r rqyy	帝 up upmh	碉 dmf dmfk	锭 qp qpgh	椟 sfn sfnd
灯 os osh	娣 vux vuxt	雕 mfky	丢 tfc tfcu	牍 thgd
登 wgku	递 uxhp	鲷 qgm qgmk	铥 qtfc	犊 trfd
噔 kwgu	第 tx txht	吊 kmh kmhj	东 ai aii	黩 lfod
簦 twgu	谛 yuph	钓 qqyy	冬 tuu	髑 mel melj
蹬 khwu	棣 svi sviy	调 ymf ymfk	咚 ktuy	独 qtj qtjy
等 tffu	睇 huxt	掉 rhj rhjh	紫 mai maiu	笃 tcf
戥 jtga	缔 xup xuph	铞 qkmh	氡 rntu	堵 fft fftj
邓 cb cbh	蒂 aup auph	爹 wqqq	鸫 aiq aiqg	赌 mftj
凳 wgkm	碲 duph	跌 khr khrw	董 atg atgf	睹 hft hftj
嶝 mwgu	嗲 kwq kwqq	迭 rwp rwpi	懂 nat natf	芏 aff
瞪 hwgu	掂 ryh ryhk	垤 fgc fgcf	动 fcl fcln	妒 vynt
磴 dwgu	滇 ifhw	胅 rcyw	冻 uai uaiy	杜 sfg
镫 qwgu	颠 fhwm	谍 yan yans	侗 wmgk	肚 efg
低 wqa wqay	巅 mfh mfhm	喋 kans	垌 fmg fmgk	度 ya yaci
羝 udq udqy	癫 ufhm	堞 fan fans	峒 mmgk	渡 iya iyac
堤 fjgh	典 mawu	揲 rans	恫 nmg nmgk	镀 qya qyac
嘀 kum kumd	点 hko hkou	耋 ftxf	栋 sai saiy	蠹 gkhj
滴 ium iumd	碘 dma dmaw	叠 cccg	洞 imgk	端 umd umdj
镝 qum qumd	踮 khyk	牒 thgs	胨 eai eaiy	短 tdg tdgu
狄 qtoy	电 jn jnv	碟 dan dans	胴 emg emgk	段 wdmc
籴 tyo tyou	佃 wl wlg	蝶 jan jans	硐 dmg dmgk	断 on onrh
迪 mp mpd	甸 ql qld	蹀 khas	都 ftjb	缎 xwd xwdc
敌 tdt tdty	阽 bhkg	鲽 qga qgas	兜 qrnq	椴 swd swdc
涤 its itsy	坫 fhkg	丁 sgh	蔸 aqrq	煅 owd owdc
获 aqto	店 yhk yhkd	仃 wsh	篼 tqrq	锻 qwd qwdc
笛 tmf	垫 rvyf	叮 ksh	斗 ufk	簖 tonr
觌 fnuq	玷 ghk ghkg	订 gsh	抖 rufh	堆 fwy fwyg
嫡 vum vumd	钿 qlg	疔 usk	钭 quf qufh	队 bw bwy
氐 qayi	惦 nyh nyhk	盯 hs hsh	陡 bfh bfhy	对 cf cfy
诋 yqay	淀 ipgh	钉 qs qsh	蚪 jufh	兑 ukqb
邸 qayb	奠 usgd	耵 bsh	豆 gku gkuf	怼 cfn cfnu
坻 fqa fqay	殿 naw nawc	酊 sgs sgsh	逗 gkup	碓 dwyg
底 yqa yqay	靛 gep geph	顶 sdm sdmy	痘 ugku	憝 ybtn
抵 rqa rqay	癜 una unac	鼎 hnd hndn	窦 pwfd	镦 qyb qybt
柢 sqay	簟 tsj tsjj	订 ys ysh	嘟 kftb	吨 kgb kgbn
砥 dqay	刁 ngd	定 pg pghu	督 hich	敦 ybt ybty

墩 fyb fybt	盾 rfh rfhd	哆 kqq kqqy	喋 kms kmsy	舵 tepx
礅 dyb dybt	砘 dgb dgbn	裰 pucc	垛 fms fmsy	惰 nda ndae
蹾 khuf	钝 qgbn	夺 df dfu	缍 xtg xtgf	跺 khm khms
盹 hgb hgbn	顿 gbnm	铎 qcf qcfh	躲 tmds	
逛 dnk dnkh	遁 rfhp	掇 rcc rccc	剁 msj msjh	
囤 lgb lgbn	多 qq qqu	踱 khyc	洃 itb itbn	
沌 igb igbn	咄 kbm kbmh	朵 ms msu	堕 bdef	

E

屙 nbs nbsk	婀 vbs vbsk	鄂 kkfb	恩 ldn ldnu	洱 ibg
讹 ywxn	厄 dbv	阏 uywu	蒽 aldn	饵 qnbg
俄 wtr wtrt	呃 kdb kdbn	尊 akkn	摁 rld rldn	珥 gbg
娥 vtr vtrt	掹 rdb rdbn	遏 jqwp	儿 qt qtn	铒 qbg
峨 mtr mtrt	苊 adb adbb	腭 ekk ekkn	而 dmj dmjj	二 fg fgg
莪 atr atrt	轭 ldb ldbn	锷 qkkn	鸸 dmjg	佴 wbg
锇 qtrt	垩 gogf	鹗 kkfg	鲕 qgdj	贰 afm afmi
鹅 trng	恶 gogn	颚 kkfm	尔 qiu	
蛾 jtr jtrt	饿 qnt qntt	噩 gkkk	耳 bgh bghg	
额 ptkm	谔 ykkn	鳄 qgkn	迩 qip qipi	

F

发 ntc v	樊 sqqd	芳 ay ayb	菲 adj adjd	肺 egm egmh
乏 tpi	蕃 ato atol	枋 syn	扉 yndd	费 xjm xjmu
伐 wat	燔 oto otol	钫 qyn	蜚 djdj	痱 udjd
垡 waff	繁 txgi	防 by byn	霏 fdjd	镄 qxj qxjm
罚 ly lyjj	蹯 khtl	妨 vy vyn	鲱 qgdd	分 wv wvb
阀 uwa uwae	蘩 atxi	房 yny ynyv	肥 ec ecn	吩 kwv kwvn
筏 twa twar	反 rc rci	肪 eyn	淝 iec iecn	纷 xwv xwvn
法 if ifcy	返 rcp rcpi	鲂 qgyn	腓 edjd	芬 awv awvb
砝 dfcy	犯 qtb qtbn	仿 wyn	匪 adjd	氛 rnw rnwv
珐 gfc gfcy	泛 itp itpy	访 yyn	诽 ydj ydjd	玢 gwv gwvn
帆 mhmy	饭 qnr qnrc	彷 tyn	悱 ndjd	酚 sgw sgwv
番 tol tolf	范 aib aibb	纺 xy xyn	斐 djdy	坟 fy fyy
幡 mhtl	贩 mr mrcy	舫 teyn	椎 sadd	汾 iwv iwvn
翻 toln	畈 lrc lrcy	放 yt yty	翡 djdn	棼 ssw sswv
藩 aitl	梵 ssm ssmy	飞 nui	篚 tadd	焚 sso ssou
凡 my myi	匚 agn	妃 vnn	吠 kdy	豮 vnuv
矾 dmy dmyy	方 yy yygn	非 djd djdd	废 ynty	粉 ow owvn
钒 qmyy	邡 ybh	啡 kdj kdjd	沸 ixj ixjh	份 wwvn
烦 odm odmy	坊 fyn	绯 xdjd	狒 qtx qtxj	奋 dlf

忿 wvnu	嗙 kdw kdwh	佛 nxj nxjh	幅 mhg mhgl	讣 yhy
偾 wfa wfam	凤 mc mci	拂 rxjh	福 pyg pygl	付 wfy
愤 nfa nfam	奉 dwf dwfh	服 eb ebcy	蜉 jeb jebg	妇 vv vvg
粪 oawu	俸 wdwh	绂 xdc xdcy	辐 lgk lgkl	负 qm qmu
鲼 qgfm	佛 wxj wxjh	绯 xxj xxjh	幞 mho mhoy	附 bwf bwfy
瀵 iol iolw	缶 rmk	苻 awfu	蝠 jgkl	咐 kwf kwfy
丰 dh dhk	否 gik gikf	俘 web webg	黻 oguc	阜 wnnf
风 mq mqi	夫 fw fwi	氟 rnx rnxj	呋 kfq kfqn	驸 cwf cwfy
沣 idh idhh	呋 kfw kfwy	袯 pydc	抚 rfq rfqn	复 tjt tjtu
枫 smq smqy	肤 efw efwy	罘 lgi lgiu	甫 geh gehy	赴 fhh fhhi
封 fffy	趺 khf khfw	茯 awd awdu	府 ywf ywfi	副 gkl gklj
疯 umq umqi	麸 gqfw	郛 ebb ebbh	拊 rwf rwfy	傅 wge wgef
砜 dmqy	稃 tebg	浮 ieb iebg	斧 wqr wqrj	富 pgk pgkl
峰 mtd mtdh	跗 khwf	砩 dxj dxjh	俯 wyw wywf	赋 mga mgah
烽 otd otdh	孵 qytb	莩 aebf	釜 wqf wqfu	缚 xge xgef
葑 afff	敷 geht	蚨 jfw jfwy	脯 ege egey	腹 etj etjt
锋 qtd qtdh	弗 xjk	匐 qgk qgkl	辅 lgey	鲋 qgw qgwf
蜂 jtd jtdh	伏 wdy	桴 seb sebg	腑 eyw eywf	赙 mge mgef
酆 dhdb	凫 qynm	涪 iuk iukg	滏 iwq iwqu	蝮 jtjt
冯 uc ucg	孚 ebf	符 twf twfu	腐 ywfw	鳆 qgtt
逢 tdh tdhp	扶 rfw rfwy	艴 xjq xjqc	黼 oguy	覆 stt sttt
缝 xtdp	芙 afwu	菔 aebc	阝 bnh	馥 tjtt
讽 ymq ymqy	芾 agm agmh	袱 puwd	父 wqu	

G

旮 vjf	盖 ugl uglf	尴 dnjl	岗 mmqu	膏 ypk ypke
伽 wlk wlkg	溉 ivc ivcq	秆 tfh	纲 xm xmqy	篙 tymk
钆 qnn	戤 ecla	赶 fhfk	肛 ea eag	糕 ougo
尕 idi idiu	概 svc svcq	敢 nb nbty	缸 rma rmag	杲 jsu
嘎 kdh kdha	干 fggh	感 dgkn	钢 qmq qmqy	搞 rym rymk
噶 kaj kajn	甘 afd	澉 inb inbt	罡 lgh lghf	缟 xym xymk
尜 eiu	杆 sfh	橄 snb snbt	港 iawn	槁 symk
尬 dnw dnwj	肝 ef efh	擀 rfj rfjf	杠 sag	稿 tym tymk
该 yynw	坩 fafg	旰 jfh	筻 tgjq	镐 qym qymk
陔 bynw	泔 iaf iafg	矸 dfh	戆 ujtn	藁 ayms
垓 fynw	苷 aaf aaff	绀 xaf xafg	皋 rdfj	告 tfkf
赅 mynw	柑 saf safg	淦 iqg	羔 ugo ugou	诰 ytkf
改 nty	竿 tfj	赣 ujt ujtm	高 ym ymkf	郜 tfkb
丐 ghn ghnv	疳 uaf uafd	冈 mqi	槔 srd srdf	锆 qtfk
钙 qgh qghn	酐 sgfh	刚 mqj mqjh	睪 tlff	戈 agnt

圪 ftn ftnn	赓 yvwm	构 sq sqcy	故 dty	光 iq iqb
纥 xtnn	羹 ugod	诟 yrg yrgk	顾 db dbdm	咣 kiq kiqn
疙 utn utnv	哽 kgj kgjq	购 mqc mqcy	崮 mld mldf	桄 siqn
哥 sks sksk	埂 fgj fgjq	垢 fr frgk	梏 stfk	胱 eiq eiqn
胳 etk etkg	绠 xgj xgjq	够 qkqq	牿 trtk	广 yygt
袼 putk	耿 bo boy	媾 vfj vfjf	雇 ynwy	犷 qtyt
鸽 wgkg	梗 sgjq	彀 fpgc	痼 uld uldd	逛 qtgp
割 pdhj	鲠 qggq	遘 fjgp	锢 qldg	归 jv jvg
搁 rut rutk	工 a aaaa	觏 fjgq	鲴 qgld	圭 fff
歌 sksw	弓 xng xngn	估 wd wdg	瓜 rcy rcyi	妫 vyl vyly
阁 utk utkd	公 wc wcu	咕 kdg	刮 tdjh	龟 qjn qjnb
革 af afj	功 al aln	姑 vd vdg	胍 erc ercy	规 fwm fwmq
格 st stkg	攻 at aty	孤 br brcy	鸹 tdq tdqg	皈 rrcy
鬲 gkmh	供 wawy	沽 idg	呱 krc krcy	闺 uffd
葛 ajq ajqn	肱 edc edcy	轱 ldg	剐 kmwj	硅 dff dffg
蛤 jw jwgk	宫 pk pkkf	鸪 dqyg	寡 pde pdev	瑰 grq grqc
隔 bgk bgkh	恭 awnu	菇 avd avdf	卦 ffhy	鲑 qgff
嗝 kgkh	蚣 jwc jwcy	菰 abr abry	诖 yffg	宄 pvb
塥 fgk fgkh	躬 tmdx	蛄 jdg	挂 rffg	轨 lv lvn
搿 rwgr	龚 dxa dxaw	觚 qer qery	褂 pufh	庋 yfc yfci
膈 egk egkh	觥 qei qeiq	辜 duj	乖 tfu tfux	瓯 alv alvv
镉 qgkh	廾 agt agth	酤 sgdg	拐 rkl rkln	诡 yqd yqdb
骼 met metk	巩 amy amyy	毂 fpl fplc	怪 nc ncfg	癸 wgd wgdu
哿 lksk	汞 aiu	箍 tra trah	关 ud udu	鬼 rqc rqci
舸 tes tesk	拱 raw rawy	鹘 meq meqg	观 cm cmqn	晷 jthk
个 wh whj	珙 gaw gawy	古 dgh dghg	官 pn pnhn	簋 tvel
各 tk tkf	共 aw awu	汩 ijg	冠 pfqf	刿 wfcj
虼 jtn jtnn	贡 am amu	诂 ydg	倌 wpn wpnn	刽 mqjh
硌 dtk dtkg	勾 qci	谷 wwk wwkf	棺 spn spnn	柜 san sang
铬 qtk qtkg	佝 wqk wqkg	股 emc emcy	鳏 qgli	炅 jou
给 xw xwgk	沟 iqc iqcy	牯 trdg	馆 qnp qnpn	贵 khgm
根 sve svey	钩 qqc qqcy	骨 me mef	管 tp tpnn	桂 sff sffg
跟 khv khve	缑 xwn xwnd	罟 ldf	贯 xfm xfmu	跪 khqb
哏 kve kvey	篝 tfjf	钴 qdg	惯 nxf nxfm	鳜 qgdw
亘 gjg gjgf	鞲 afff	蛊 jlf	掼 rxf rxfm	｜ hhl hhll
艮 vei	岣 mqk mqkg	鹄 tfkg	涫 ipn ipnn	衮 uceu
茛 ave aveu	狗 qtq qtqk	鼓 fkuc	盥 qgi qgil	绲 xjx xjxx
更 gjq gjqi	苟 aqkf	嘏 dnh dnhc	灌 iak iaky	辊 lj ljxx
庚 yvw yvwi	枸 sqk sqkg	瞽 fkuh	鹳 akkg	滚 iuc iuce
耕 dif difj	笱 tqk tqkf	固 ldd	罐 rmay	磙 duc duce

鲦 qgti	郭 ybb ybbh	蝈 jlg jlgy	虢 efhm	樽 syb sybg
棍 sjx sjxx	嶂 myb mybg	国 l lgyi	馘 uthg	螺 jjs jjsy
呙 kmwu	聒 btd btdg	帼 mhl mhly	果 js jsi	裹 yjse
埚 fkm fkmw	锅 qkmw	掴 rlgy	猓 qtjs	过 fp fpi

H

铪 qwgk	茵 abib	喝 kjq kjqn	恒 ngj ngjg	逅 rgkp
哈 kwg kwgk	颔 wynm	嗬 kawk	桁 stfh	候 whn whnd
嗨 kitu	撖 rnbt	禾 ttt tttt	珩 gtf gtfh	堠 fwnd
孩 bynw	憾 ndgn	合 wgk wgkf	横 sam samw	鲎 ipqg
骸 mey meyw	撼 rdgn	何 wsk wskg	衡 tqdh	乎 tuh tuhk
海 itx itxu	翰 fjw fjwn	劾 yntl	蘅 atqh	虍 hav
胲 eynw	瀚 ifjn	和 t tkg	轰 lcc lccu	呼 kt ktuh
醢 sgdl	夯 dlb	河 isk iskg	哄 kaw kawy	忽 qrn qrnu
亥 yntw	杭 sym symn	曷 jqwn	訇 qyd	烀 otu otuh
骇 cynw	绗 xtfh	阂 uyn uynw	烘 oaw oawy	轷 ltuh
害 pd pdhk	航 tey teym	核 synw	薨 alpx	唿 kqrn
氦 rnyw	颃 ymdm	盍 fclf	弘 xcy	惚 nqr nqrn
顸 fdmy	沆 iym iymn	荷 awsk	红 xa xag	滹 ihah
蚶 jaf jafg	蒿 aym aymk	涸 ild ildg	宏 pdc pdcu	囫 lqr lqre
酣 sgaf	嚆 kay kayk	盒 wgkl	闳 udc udci	弧 xrc xrcy
憨 nbtn	薅 avdf	菏 ais aisk	泓 ixc ixcy	狐 qtr qtry
靬 thlf	蚝 jtf jtfn	蚵 jsk jskg	洪 iaw iawy	胡 de deg
邗 fbh	毫 ypt yptn	颌 wgkm	荭 axa axaf	壶 fpo fpog
含 wynk	嗥 krd krdf	貉 eetk	虹 ja jag	斛 qeu qeuf
邯 afb afbh	豪 ypeu	阖 ufc ufcl	鸿 iaqg	湖 ide ideg
函 bib bibk	嚎 kyp kype	翮 gkmn	蕻 adaw	猢 qtde
晗 jwyk	壕 fyp fype	贺 lkm lkmu	黉 ipa ipaw	葫 adef
涵 ibi ibib	濠 iyp iype	褐 pujn	讧 yag	煳 odeg
焓 owy owyk	好 vb vbg	赫 fof fofo	侯 wnt wntd	瑚 gde gdeg
寒 pfj pfju	郝 fob fobh	鹤 pwy pwyg	喉 kwn kwnd	蝴 deq deqg
韩 fjfh	号 kgn kgnb	壑 hpg hpgf	猴 qtw qtwd	槲 sqef
罕 pwf pwfj	昊 jgd jgdu	黑 lfo lfou	瘊 uwn uwnd	糊 ode odeg
喊 kdgt	浩 itfk	嘿 klf klfo	筷 twn twnd	蝴 jde jdeg
汉 ic icy	耗 ditn	痕 uve uvei	糇 own ownd	醐 sgde
汗 ifh	皓 rtfk	很 tve tvey	骺 mer merk	縠 fpgc
旱 jfj	颢 jyim	狠 qtv qtve	吼 kbn kbnn	虎 ha hamv
悍 njf njfh	灏 ijym	恨 nv nvey	后 rg rgkd	浒 iytf
捍 rjf rjfh	诃 ysk yskg	亨 ybj	厚 djb djbd	唬 kham
焊 ojf ojfh	呵 ksk kskg	哼 kyb kybh	後 txt txty	琥 gha gham

互 gx gxgd	欢 cqw cqwy	皇 rgf	麾 yssn	昏 qajf
户 yne	獾 qtay	凰 mrg mrgd	徽 tmgt	荤 aplj
冱 ugx ugxg	还 gipi	隍 brg brgg	骠 bdan	婚 vq vqaj
护 ryn rynt	环 ggi ggiy	黄 amwu	回 lkd	阍 uqa uqaj
沪 iyn iynt	郇 qjb qjbh	徨 trg trgg	洄 ilk ilkg	浑 ipl iplh
岵 mdg	洹 igj igjg	惶 nrgg	茴 alkf	馄 qnjx
怙 ndg	桓 sgjg	湟 irgg	蛔 jlk jlkg	魂 fcr fcrc
戽 ynu ynuf	萑 awyf	遑 rgp rgpd	悔 ntxu	诨 ypl yplh
祜 pydg	锾 qefc	煌 or orgg	卉 faj	混 ijx ijxx
笏 tqr tqrr	寰 plg plge	潢 iam iamw	汇 ian	溷 iley
扈 ynkc	缳 xlge	璜 gamw	会 wf wfcu	粖 diw diwk
瓠 dfny	鬟 del dele	篁 trgf	讳 yfnh	锪 qqr qqrn
韄 qync	缓 xef xefc	蝗 jr jrgg	哕 kmq kmqy	劐 awyj
花 awx awxb	幻 xnn	癀 uam uamw	泋 iwfc	豁 pdhk
华 wxf wxfj	夗 qmd qmdu	磺 dam damw	绘 xwf xwfc	攉 rfwy
哗 kwx kwxf	宦 pah pahh	簧 tamw	荟 awfc	活 itd itdg
骅 cwx cwxf	唤 kqm kqmd	蟥 jam jamw	海 ytx ytxu	火 oooo oooo
铧 qwx qwxf	换 rq rqmd	鳇 qgr qgrg	恚 ffnu	伙 wo woy
滑 ime imeg	浣 ipfq	恍 niq niqn	桧 swf swfc	钬 qoy
猾 qtm qtme	涣 iqm iqmd	晃 ji jiqb	烩 owf owfc	夥 jsq jsqq
化 wx wxn	患 kkhn	谎 yay yayq	贿 mde mdeg	或 ak akgd
划 aj ajh	焕 oqm oqmd	幌 mhjq	彗 dhdv	货 wxmu
画 gl glbj	逭 pnhp	灰 do dou	晦 jtx jtxu	获 aqt aqtd
话 ytd ytdg	痪 uqm uqmd	诙 ydo ydoy	秽 tmq tmqy	祸 pykw
桦 swx swxf	豢 ude udeu	咴 kdo kdoy	喙 kxe kxey	惑 akgn
怀 ng ngiy	漶 ikkn	恢 ndo ndoy	惠 gjh gjhn	霍 fwyf
徊 tlk tlkg	鲩 qgp qgpq	挥 rpl rplh	缋 xkh xkhm	镬 qawc
淮 iwy iwyg	攌 rlge	虺 gqji	毁 va vamc	嚯 kfwy
槐 srq srqc	肓 ynef	晖 jplh	慧 dhd dhdn	藿 afwy
踝 khjs	荒 aynq	珲 gpl gplh	蕙 agj agjn	蠖 jawc
坏 fgi fgiy	慌 nay nayq	辉 iqpl	蟪 jgjn	

J

丌 gjk	机 sm smn	迹 yop yopi	基 ad adwf	跻 khyj
讥 ymn	玑 gmn	剞 dskj	缉 xgm xgmy	箕 tad tadw
击 fmk	肌 em emn	唧 kvcb	稘 tdnm	畿 xxa xxal
叽 kmn	芨 aey aeyu	姬 vah vahh	畸 trd trdk	稽 tdnj
饥 qnm qnmn	矶 dmn	屐 ntfc	缉 xkb xkbg	庴 ydjj
乩 hkn hknn	鸡 cqy cqyg	积 tkw tkwy	赍 fwwm	墼 gjff
圾 fe feyy	咭 kfkg	笄 tgaj	畸 lds ldsk	激 iry iryt

羁 laf lafc	技 rfcy	嘉 fkuk	鲣 qgjf	毽 tfnp
及 ey eyi	芰 afcu	镓 qpe qpey	鹋 uvog	溅 imgt
吉 fk fkf	际 bf bfiy	岬 mlh	鞯 afa afab	腱 evfp
炭 meyu	剂 yjjh	郏 guwb	囝 lb lbd	践 khg khgt
汲 iey ieyy	季 tb tbf	荚 aguw	拣 ranw	鉴 jtyq
级 xe xeyy	哜 kyj kyjh	恝 dhvn	枧 smqn	键 qvfp
即 vcb vcbh	既 vca vcaq	夏 dha dhar	佥 wwgi	僭 waqj
极 se seyy	洎 ithg	铗 qguw	柬 gli glii	槛 sjt sjtl
亟 bkc bkcg	济 iyj iyjh	蛱 jgu jguw	茧 aju	箭 tue tuej
佶 wfkg	继 xo xonn	颊 guwm	拾 rwgi	蹇 khvp
急 qvn qvnu	觊 mnmq	甲 lhnh	笕 tmqb	江 ia iag
笈 teyu	偈 wjq wjqn	胛 elh	减 udg udgt	姜 ugv ugvf
疾 utd utdi	寂 ph phic	贾 smu	剪 uejv	将 uqf uqfy
戢 kbnt	寄 pds pdsk	钾 qlh	检 sw swgi	茳 aia aiaf
棘 gmii	悸 ntb ntbg	瘕 unh unhc	趼 khga	浆 uqi uqiu
殛 gqb gqbg	祭 wfi wfiu	价 wwj wwjh	睑 hwgi	豇 gkua
集 wys wysu	蓟 aqgj	驾 lkc lkcf	硷 dwgi	僵 wgl wgll
嫉 vut vutd	暨 vcag	架 lks lksu	裥 puuj	缰 xgl xglg
楫 skb skbg	跽 khnn	假 wnh wnhc	铜 qujg	礓 dgl dglg
蒺 aut autd	霁 fyj fyjj	嫁 vpe vpey	简 tuj tujf	疆 xfg xfgg
辑 lkb lkbg	鲚 qgyj	稼 tpe tpey	谫 yue yuev	讲 yfj yfjh
瘠 uiw uiwe	稷 tlw tlwt	戋 gggt	戬 goga	奖 uqd uqdu
截 akbt	鲫 qgvb	奸 vfh	碱 ddg ddgt	桨 uqs uqsu
籍 tdij	冀 uxl uxlw	尖 id idu	鞯 uejn	蒋 auq auqf
几 mt mtn	髻 defk	坚 jcf jcff	睿 pfjy	糨 diff
己 nng nngn	骥 cux cuxw	歼 gqt gqtf	塞 pfjh	匠 ar ark
虮 jmn	加 lk lkg	间 uj ujd	见 mqb	降 bt btah
挤 ryj ryjh	夹 guw guwi	肩 yned	件 wrh wrhh	泽 ita itah
脊 iwe iwef	佳 wffg	艰 cv cvey	建 vfhp	绛 xtah
掎 rds rdsk	迦 lkp lkpd	兼 uvo uvou	饯 qngt	酱 uqsg
戟 fja fjat	枷 slk slkg	监 jtyl	剑 wgi wgij	犟 xkjh
嵴 miw miwe	浃 igu iguw	笺 tgr	华 war warh	糨 ox oxkj
麂 ynjm	珈 glk glkg	菅 apnn	荐 adh adhb	艽 avb
彐 vng vngg	家 pe peu	湔 iue iuej	贱 mgt	交 uq uqu
计 yf yfh	痂 ulkd	犍 trv trvp	健 wvf wvfp	郊 uqb uqbh
记 yn ynn	笳 tlkf	缄 xdg xdgt	涧 iujg	姣 vuq vuqy
伎 wfcy	袈 lky lkye	搛 ruvo	舰 temq	娇 vtdj
纪 xn xnn	袷 puwk	煎 uejo	渐 il ilrh	浇 iat iatq
妓 vfc vfcy	葭 anhc	缣 xuv xuvo	谏 ygl ygli	茭 auqu
忌 nnu	跏 khlk	蒹 auv auvo	楗 svfp	骄 ctdj

胶 eu euqy	秸 tfkg	今 wynb	旌 yttg	纠 xnh xnhh
椒 shi shic	嗜 kxxr	斤 rtt rtth	菁 agef	究 pwv pwvb
焦 wyo wyou	嗟 kuda	ʒ qtgn	晶 jjj jjjf	鸠 vqyg
蛟 juq juqy	揭 rjq rjqn	金 qqqq	腈 egeg	赳 fhnh
跤 khuq	街 tffh	津 ivfh	睛 hg hgeg	阄 uqj uqjn
僬 wwyo	卩 bnh	矜 cbtn	粳 ogj ogjq	啾 kto ktoy
鲛 qguq	孑 bnhg	衿 puwn	兢 dqd dqdq	揪 rto rtoy
蕉 awy awyo	节 ab abj	筋 telb	精 oge ogeg	鬏 deto
礁 dwy dwyo	讦 yfh	襟 pus pusi	鲸 qgy qgyi	九 vt vtn
鹪 wyog	劫 fcln	仅 wcy	井 fjk	久 qy qyi
角 qe qej	杰 so sou	卺 bigb	阱 bfj bfjh	灸 qyo qyou
佼 wuq wuqy	诘 yfk yfkg	紧 jc jcxi	刭 cajh	玖 gqy gqyy
侥 watq	拮 rfk rfkg	堇 akgf	肼 efj efjh	韭 djdg
挢 rtdj	洁 ifk ifkg	谨 yak yakg	颈 cad cadm	酒 isgg
狡 qtu qtuq	结 xf xfkg	锦 qrm qrmh	景 jy jyiu	旧 hj hjg
绞 xuq xuqy	桀 qahs	廑 yakg	儆 waqt	臼 vth vthg
饺 qnuq	婕 vgv vgvh	馑 qnag	憬 njy njyi	咎 thk thkf
皎 ruq ruqy	捷 rgv rgvh	槿 sak sakg	警 aqky	疚 uqy uqyi
矫 tdtj	颊 fkd fkdm	瑾 gakg	净 uqv uqvh	柩 saqy
脚 efcb	睫 hgv hgvh	尽 nyu nyuu	弪 xcag	柏 svg
铰 quq quqy	截 faw fawy	劲 cal caln	径 tca tcag	厩 dvc dvcq
搅 ripq	碣 djq djqn	妗 vwy vwyn	迳 cap capd	救 fiyt
湫 itoy	竭 ujqn	近 rp rpk	胫 eca ecag	就 yi yidn
剿 vjsj	鲒 qgfk	进 fj fjpk	痉 uca ucad	舅 vl vllb
敫 ryty	羯 udjn	荩 anyu	竞 ukqb	僦 wyi wyin
徼 try tryt	她 vbn	晋 gogj	婧 vge vgeg	鹫 yidg
缴 xry xryt	姐 veg vegg	浸 ivp ivpc	靖 vgeg	居 nd ndd
叫 kn knhh	解 qev qevh	烬 ony onyu	竟 ujq ujqb	拘 rqk rqkg
峤 mtdj	介 wj wjj	赆 mny mnyu	敬 aqk aqkt	狙 qteg
轿 ltd ltdj	戒 aak	缙 xgoj	靓 gem gemq	苴 aeg aegf
较 lu luqy	芥 awj awjj	禁 ssf ssfi	靖 uge ugeg	驹 cqk cqkg
教 ftbt	届 nm nmd	靳 afr afrh	境 fuj fujq	疽 ueg uegd
窖 pwtk	界 lwj lwjj	觐 akgq	獍 qtuq	掬 rqo rqoy
酵 sgfb	疥 uwj uwjk	噤 kssi	静 geq geqh	椐 snd sndg
噍 kwyo	诫 yaah	京 yiu	镜 quj qujq	琚 gnd gndg
醮 sgwo	借 waj wajg	泾 ica icag	冂 mhn	趄 fhe fheg
阶 bwj bwjh	蚧 jwj jwjh	经 x xcag	扃 ynmk	锔 qnnk
疖 ubk	骱 mew mewj	茎 aca acaf	迥 mkp mkpd	裾 pund
皆 xxr xxrf	藉 adi adij	荆 aga agaj	炯 omk omkg	雎 egw egwy
接 ruv ruvg	巾 mhk	惊 nyiy	窘 pwvk	鞠 afq afqo

鞠 afqy	具 hw hwu	娟 vke vkeg	诀 ynwy	嚼 kel kelf
局 nnk nnkd	炬 oan oang	捐 rke rkeg	抉 rnwy	夔 hhw hhwc
桔 sfk sfkg	钜 qan qang	涓 ike ikeg	珏 ggy ggyy	爝 oel oelf
菊 aqo aqou	俱 whwy	鹃 keq keqg	绝 xqc xqcn	攫 rhh rhhc
橘 scbk	倨 wnd wndg	镌 qwye	觉 ipmq	军 pl plj
咀 keg kegg	剧 ndj ndjh	蠲 uwlj	倔 wnb wnbm	君 vtkd
沮 ieg iegg	惧 nhw nhwy	卷 udbb	崛 mnbm	均 fqu fqug
举 iwf iwfh	据 rnd rndg	锩 qudb	掘 rnbm	钧 qqug
矩 tda tdan	距 kha khan	倦 wud wudb	桷 sqe sqeh	鞠 plh plhc
莒 akkf	锯 trhw	桊 uds udsu	觖 qen qenw	菌 alt altu
榉 siw siwh	飓 mqhw	狷 qtke	厥 dubw	筠 tfqu
枸 tdas	锯 qnd qndg	绢 xke xkeg	谲 ycbk	麇 ynjt
龃 hwbg	婆 pwo pwov	隽 wyeb	獗 qtdw	俊 wcw wcwt
踽 khty	聚 bct bcti	眷 udhf	蕨 adu aduw	郡 vtkb
句 qkd	屦 ntov	郾 sfb sfbh	噱 khae	峻 mcw mcwt
巨 and	蹶 khnd	蹶 kdu kduw	橛 sdu sduw	捃 rvt rvtk
讵 yang	遽 hae haep	撅 rduw	爵 elv elvf	浚 icwt
拒 ran rang	瞿 hhwy	孓 byi	镢 qduw	骏 ccw ccwt
苣 aan aanf	酿 sghe	决 un unwy	蹶 khdw	竣 ucw ucwt

K

咔 khhy	刊 fjh	钪 qymn	稞 tjsy	缂 xafh
咖 klk klkg	勘 adwl	尻 nvv	窠 pwj pwjs	嗑 kfcl
喀 kpt kptk	龛 wgkx	考 ftg ftgn	颗 jsd jsdm	溘 ifcl
卡 hhu	堪 fad fadn	拷 rft rftn	瞌 hfcl	锞 qjs qjsy
佧 whh whhy	坎 fqw fqwy	栲 sftn	磕 dfc dfcl	肯 he hef
胩 ehh ehhy	侃 wkq wkqn	烤 oft oftn	蝌 jtu jtuf	垦 vef veff
开 ga gak	砍 dqw dqwy	铐 qftn	髁 mej mejs	恳 venu
揩 rxxr	莰 afqw	犒 tryk	壳 fpm fpmb	啃 khe kheg
锎 quga	看 rhf	靠 tfkd	咳 kynw	裉 puve
凯 mnmn	阚 unb unbt	坷 fsk fskg	可 sk skd	吭 kym kymn
剀 mnj mnjh	瞰 hnb hnbt	苛 as askf	岢 msk mskf	坑 fym fymn
垲 fmn fmnn	康 yvi yvii	柯 ssk sskg	渴 ijq ijqn	铿 qjc qjcf
恺 nmn nmnn	慷 nyv nyvi	珂 gsk gskg	克 dq dqb	空 pw pwaf
铠 qmn qmnn	扛 rag	科 tu tufh	刻 ynt yntj	倥 wpwa
慨 nvc nvcq	亢 ymb	轲 lsk lskg	客 pt ptkf	崆 mpwa
蒈 axxr	伉 wymn	疴 uskd	恪 ntkg	箜 tpw tpwa
楷 sx sxxr	抗 rymn	钶 qsk qskg	课 yjs yjsy	孔 bnn
锴 qxx qxxr	闶 uymv	棵 sjs sjsy	氪 rndq	恐 amyn
忾 nrn nrmn	炕 oym oymn	额 yntm	骒 cj cjsy	控 rpw rpwa

抠 raq raqy	酷 sgtk	哐 kag kagg	逵 fwfp	聩 bkh bkhm
扎 abn abnb	夸 dfn dfnb	筐 tag tagf	馗 vuth	坤 fjhh
眍 haq haqy	侉 wdf wdfn	狂 qtg qtgg	喹 kdf kdff	昆 jx jxxb
口 kkkk	垮 fdfn	诳 yqt yqtg	揆 rwgd	琨 gjx gjxx
叩 kbh	胯 edf edfn	夼 dkj	葵 awg awgd	锟 qjx qjxx
扣 rk rkg	跨 khd khdn	邝 ybh	暌 jwgd	髡 degq
寇 pfqc	删 aeej	圹 fyt	魁 rqcf	醌 sgjx
筘 trk trkf	块 fnw fnwy	纩 xyt	睽 hwgd	鲲 qgjx
蔻 apfl	快 nnw nnwy	况 ukq ukqn	蝰 jdff	悃 nls nlsy
刳 dfnj	侩 wwfc	旷 jyt	夔 uht uhtt	捆 rls rlsy
枯 sd sdg	郐 wfcb	矿 dyt	傀 wrq wrqc	阃 uls ulsi
哭 kkdu	哙 kwfc	贶 mkq mkqn	跬 khff	困 ls lsi
堀 fnbm	狯 qtwc	框 sagg	匮 akh akhm	扩 ry ryt
窟 pwn pwnm	脍 ewf ewfc	眶 hag hagg	喟 kle kleg	括 rtd rtdg
骷 medg	筷 tnn tnnw	亏 fnv	愦 nkhm	蛞 jtdg
苦 adf	宽 pa pamq	岿 mjv mjvf	愧 nrq nrqc	阔 uit uitd
库 ylk	髋 mepq	悝 njfg	溃 ikh ikhm	廓 yyb yybb
绔 xdf xdfn	款 ffi ffiw	盔 dol dolf	蒉 akhm	
訾 iptk	匡 agd	窥 pwfq	馈 qnk qnkm	
裤 puy puyl	诓 yagg	奎 dfff	篑 tkhm	

L

垃 fug	赉 gom gomu	镧 qugi	锒 qyve	潦 idui
拉 ru rug	睐 hgo hgoy	览 jtyq	螂 jyv jyvb	涝 iap iapl
啦 kru krug	赖 gkim	揽 rjt rjtq	朗 yvc yvce	烙 otk otkg
邋 vlq vlqp	濑 igkm	缆 xjt xjtq	阆 uyv uyve	耢 dial
旯 jvb	癞 ugkm	榄 sjtq	浪 iyv iyve	酪 sgtk
砬 dug	籁 tgkm	漤 issv	蒗 aiye	仂 wln
喇 kgk kgkj	兰 uff	罱 lfm lfmf	捞 rap rapl	乐 qi qii
剌 gkij	岚 mmqu	懒 ngkm	劳 apl aplb	叻 kln
腊 eaj eajg	拦 ruf rufg	烂 oufg	唠 kap kapl	泐 ibl ibln
瘌 ugkj	栏 suf sufg	滥 ijt ijtl	崂 map mapl	勒 afl afln
蜡 jaj jajg	婪 ssv ssvf	啷 kyv kyvb	痨 uapl	鳓 qgal
辣 ugk ugki	阑 ugli	郎 yvcb	铹 qap qapl	雷 flf
来 go goi	蓝 ajt ajtl	狼 qty qtye	醪 sgne	儽 vlx vlxi
崃 mgo mgoy	谰 yug yugi	茛 ayv ayve	老 ftx ftxb	缧 xlxi
徕 tgo tgoy	澜 iugi	廊 yyv yyvb	佬 wft wftx	檑 sfl sflg
涞 igo igoy	褴 pujl	琅 gyv gyve	姥 vft vftx	镭 qfl qflg
莱 ago agou	斓 yugi	榔 syv syvb	栳 sftx	羸 ynky
铼 qgoy	篮 tjtl	稂 tyv tyve	铑 qftx	耒 dii

诔 ydiy	李 sb sbf	苊 awuf	激 iwgt	坼 fef fefy
垒 cccf	里 jfd	唳 kynd	良 yv yvei	烈 gqjo
磊 ddd dddf	俚 wjf wjfg	笠 tuf	凉 uyiy	捩 rynd
蕾 aflf	哩 kjf kjfg	粒 oug	梁 ivw ivws	猎 qta qtaj
儡 wll wlll	娌 vjfg	砺 odd oddn	椋 syiy	裂 gqje
肋 el eln	逦 gmyp	蛎 jdd jddn	粮 oyv oyve	趔 fhgj
泪 ihg	理 gj gjfg	傈 wss wssy	梁 ivwo	躐 khvn
类 od odu	锂 qjf qjfg	猁 utj utjk	墚 fiv fivs	鬣 devn
累 lx lxiu	鲤 qgjf	罱 lyf	踉 khye	邻 wycb
酹 sge sgef	澧 ima imau	跞 khqi	两 gmww	林 ss ssy
擂 rfl rflg	醴 sgmu	砺 fdlb	魉 rqcw	临 jty jtyj
嘞 kaf kafl	鳢 qgmu	溧 issy	亮 ypm ypmb	啉 kss kssy
塄 fly flyn	力 lt ltn	篥 tss tssu	谅 yyi yyiy	淋 iss issy
棱 sfw sfwt	历 dl dlv	俩 wgmw	辆 lgm lgmw	琳 gss gssy
楞 sl slyn	厉 ddn ddnv	奁 daq daqu	晾 jyiy	粼 oqab
冷 uwyc	立 uu uuuu	连 lpk	量 jg jgjf	嶙 moq moqh
愣 nly nlyn	吏 gkq gkqi	帘 pwmh	辽 bp bpk	遴 oqa oqap
厘 djfd	丽 gmy gmyy	怜 nwyc	疗 ubk	辚 lo loqh
梨 tjs tjsu	利 tjh	涟 ilp ilpy	聊 bqt bqtb	霖 fss fssu
狸 qtjf	励 ddnl	莲 alp alpu	僚 wdu wdui	磷 hoq hoqh
离 yb ybmc	呖 kdl kdln	联 bu budy	寥 pnw pnwe	磷 doq doqh
莉 atj atjj	坜 fdl fdln	裢 pul pulp	廖 ynw ynwe	鳞 qgo qgoh
骊 cg cgmy	沥 idl idln	廉 yuvo	嘹 kdui	麟 ynjh
犁 tjr tjrh	苈 adl adlb	链 qglp	寮 pdu pdui	凛 uyl uyli
喱 kdjf	例 wgq wgqj	濂 iyu iyuo	撩 rdu rdui	廪 yyli
鹂 gmyg	戾 ynd yndi	臁 eyu eyuo	缭 xdu xdui	懔 nyl nyli
漓 iybc	枥 sdl sdln	镰 qyuo	燎 odui	檩 syli
缡 xyb xybc	疠 udnv	蠊 jyu jyuo	镣 qdu qdui	吝 ykf
篱 aybc	隶 vii	敛 wgit	鹩 dujg	赁 wtfm
蜊 jtj jtjh	俐 wtj wtjh	琏 glp glpy	钉 qbh	蔺 auw auwy
藜 fit fitv	俪 wgmy	脸 ew ewgi	蓼 anw anwe	膦 eoq eoqh
璃 gyb gybc	栎 sqi sqiy	裣 puwi	了 b bnh	躏 khay
鲡 qggy	疬 udl udlv	薮 awgt	炮 dnq dnqy	拎 rwyc
黎 tqt tqti	荔 all alll	练 xan xanw	料 ou oufh	伶 wwyc
篙 tyb tybc	轹 lqi lqiy	变 yov yovf	撂 rlt rltk	灵 vo vou
罹 lnw lnwy	郦 gmyb	炼 oanw	咧 kgq kgqj	囹 lwy lwyc
藜 atq atqi	栗 ssu	恋 yon yonu	列 gq gqjh	岭 mwyc
鲦 tqto	猁 qtt qttj	殓 gqw gqwi	劣 itl itlb	泠 iwyc
蠡 xej xejj	砺 dddn	链 qlp qlpy	洌 ugq ugqj	苓 awyc
礼 pynn	砾 dqi dqiy	楝 sgl sgli	冽 igq igqj	柃 swyc

玲 gwy gwyc	绤 xth xthk	露 fkhk	璐 gkhk	仑 wxb
瓴 wycn	铳 qycq	噜 kqg kqgj	簏 tynx	伦 wwxn
凌 ufw ufwt	六 uy uygy	撸 rqg rqgj	鹭 khtg	囵 lwxv
铃 qwyc	鹨 nweg	卢 hn hne	麓 ssyx	沦 iwx iwxn
陵 bfw bfwt	咯 ktk ktkg	庐 yyne	氇 tfnj	纶 xwx xwxn
棂 svo svoy	龙 dx dxv	芦 aynr	驴 cyn cynt	轮 lwx lwxn
绫 xfw xfwt	咙 kdx kdxn	垆 fhnt	闾 ukkd	论 ywx ywxn
羚 udwc	泷 idx idxn	泸 ihn ihnt	桐 suk sukk	捋 refy
翎 wycn	茏 adx adxb	炉 oyn oynt	吕 kk kkf	罗 lq lqu
聆 bwyc	栊 sdx sdxn	栌 shnt	侣 wkk wkkg	猡 qtlq
菱 afwt	珑 gdx gdxn	胪 ehnt	旅 ytey	脶 ekm ekmw
蛉 jwyc	胧 edx edxn	轳 lhnt	稆 tkk tkkg	萝 alq alqu
零 fwyc	砻 dxd dxdf	鸬 hnq hnqg	铝 qkk qkkg	逻 lqp lqpi
龄 hwbc	笼 tdx tdxb	舻 teh tehn	屡 no novd	椤 slq slqy
鲮 qgft	聋 dxb dxbf	颅 hndm	缕 xov xovg	锣 qlq qlqy
酃 fkk fkkb	隆 btg btgg	鲈 qghn	膂 ytee	箩 tlq tlqu
领 wycm	癃 ubtg	卤 hl hlqi	楼 puo puov	骡 clx clxi
令 wyc wycu	窿 pwb pwbg	虏 halv	履 ntt nttt	镙 qlx qlxi
另 kl klb	陇 bdx bdxn	掳 rha rhal	律 tvfh	螺 jlx jlxi
吟 kwyc	垄 dxf dxff	鲁 qgj qgjf	虑 han hani	倮 wjs wjsy
溜 iqyl	垅 fdxn	橹 sqg sqgj	率 yx yxif	裸 pujs
熘 oqyl	拢 rdx rdxn	镥 qqg qqgj	绿 xv xviy	瘰 ulx ulxi
刘 yj yjh	娄 ov ovf	陆 bfm bfmh	氯 rnv rnvi	赢 ynky
浏 iyjh	偻 wov wovg	录 vi viu	李 yob yobf	泺 iqi iqiy
流 iyc iycq	喽 kov kovg	赂 mtk mtkg	峦 yom yomj	洛 itk itkg
留 qyvl	蒌 aov aovf	辂 ltkg	挛 yor yorj	络 xtk xtkg
琉 gyc gycq	楼 sov sovg	渌 ivi iviy	栾 yos yosu	荦 apr aprh
硫 dyc dycq	褛 dio diov	逯 vipi	鸾 yoq yoqg	骆 ctk ctkg
旒 ytyq	蝼 jov jovg	鹿 ynj ynjx	脔 yomw	珞 gtk gtkg
遛 qyvp	髅 meo meov	禄 pyv pyvi	滦 iyos	落 ait aitk
馏 qnql	嵝 mov movg	滤 iha ihan	銮 yoqf	摞 rlx rlxi
骝 cqyl	耧 ro rovg	碌 dvi dviy	卵 qyt qyty	漯 ilx ilxi
榴 sqy sqyl	髅 tov tovf	路 kht khtk	乱 tdn tdnn	雒 tkwy
瘤 uqyl	陌 bgm bgmn	漉 iynx	掠 ryiy	
镏 qqyl	漏 infy	戮 nwe nwea	略 ltk ltkg	
鎏 iycq	瘘 uov uovd	辘 lyn lynx	锊 qef qefy	
柳 sqt sqtb	镂 qov qovg	潞 ikhk	抡 rwx rwxn	

M

妈 vc vcg	嬷 vys vysc	麻 yss yssi	蟆 jajd	马 cn cnng

犸 qtcg	茫 aiy aiyn	嵋 mnh mnhg	艋 tebl	沔 igh ighn
玛 gcg	礃 day dayn	湄 inh inhg	蜢 jbl jblg	黾 kjn kjnb
码 dcg	莽 ada adaj	猸 qtnh	懵 nal nalh	勉 qkql
蚂 jcg	漭 iada	楣 snh snhg	蠓 jap jape	眄 hgh hghn
枵 scg	蟒 jada	煤 oa oafs	孟 blf	娩 vqk vqkq
骂 kkc kkcf	猫 qtal	酶 sgtu	梦 ssq ssqu	冕 jqkq
唛 kgt kgty	毛 tfn tfnv	锚 qnh qnhg	咪 koy	湎 idm idmd
吗 kcg	矛 cbt cbtr	鹛 nhq nhqg	弥 xqi xqiy	缅 xdmd
嘛 ky kyss	牦 trtn	霉 ftxu	祢 pyq pyqi	腼 edmd
埋 fjf fjfg	茅 acbt	每 txg txgu	迷 op opi	面 dm dmjd
霾 feef	旄 yttn	美 ugdu	猕 qtxi	喵 kal kalg
买 nudu	蜉 jcr jcrh	浼 iqk iqkq	谜 yopy	苗 alf
荬 anud	锚 qal qalg	镁 qug qugd	醚 sgo sgop	描 ral ralg
劢 dnl dnln	髦 detn	妹 vfi vfiy	縻 ysso	瞄 hal halg
迈 dnp dnpv	蝥 cbtj	昧 jfi jfiy	麇 yssi	鹋 alqg
麦 gtu	蟊 cbtj	袂 pun punw	糜 ynjo	杪 sit sitt
卖 fnud	卯 qtbh	媚 vnh vnhg	靡 yssd	眇 hit hitt
脉 eyni	峁 mqt mqtb	寐 pnhi	蘼 aysd	秒 ti titt
颟 agmm	泖 iqt iqtb	魅 rqci	米 oy oyty	森 iiiu
蛮 yoj yoju	茆 aqtb	门 uyh uyhn	芈 gjgh	渺 ihit
馒 qnjc	昴 jqt jqtb	扪 run	弭 xbg	缈 xhi xhit
瞒 hagw	铆 qqt qqtb	钔 qun	敉 oty	藐 aee aeeq
鞔 afqq	茂 adn adnt	闷 uni	脒 eoy	邈 eerp
鳗 qgjc	冒 jhf	焖 oun ouny	眯 ho hoy	妙 vit vitt
满 iagw	贸 qyv qyvm	懑 iagn	冖 pyn	庙 ymd
螨 jagw	毪 ftxn	们 wu wun	糸 xiu	乜 nnv
曼 jlc jlcu	袤 ycbe	闵 ynna	宓 pntr	咩 kud kudh
谩 yjl yjlc	帽 mhj mhjh	虻 jyn jynn	泌 int intt	灭 goi
墁 fjl fjlc	瑁 gjhg	萌 aje ajef	觅 emq emqb	蔑 aldt
幔 mhjc	督 cbth	盟 jel jelf	秘 tn tntt	篾 tldt
慢 nj njlc	貌 eerq	甍 alpn	密 pnt pntm	蠛 jal jalt
漫 ijlc	懋 scbn	瞢 alph	幂 pjd pjdh	民 n nav
缦 xjl xjlc	么 tc tcu	朦 eap eape	谧 yntl	岷 mna mnan
蔓 ajl ajlc	没 im imcy	檬 sap sape	嘧 kpn kpnm	玟 gyy
熳 ojl ojlc	枚 sty	礞 dap dape	蜜 pntj	苠 ana anab
镘 qjl qjlc	玫 gt gty	虇 teae	宀 pyy pyyn	珉 gna gnan
邙 ynb ynbh	眉 nhd	勐 bll blln	眠 hna hnan	缗 xna xnaj
忙 nynn	莓 atx atxu	猛 qtbl	绵 xr xrmh	皿 lhn lhng
芒 ayn aynb	梅 stx stxu	蒙 apg apge	棉 srm srmh	闵 uyi
盲 ynh ynhf	媒 vaf vafs	锰 qbl qblg	免 qkq qkqb	抿 rna rnan

泯 ina inan
闽 uji
悯 nuy nuyy
敏 txgt
愍 natn
鳘 txgg
名 qk qkf
明 je jeg
鸣 kqy kqyg
茗 aqkf
冥 pju pjuu
铭 qqk qqkg
溟 ipju
暝 jpju
瞑 hpj hpju
螟 jpj jpju

酩 sgqk
命 wgkb
谬 ynwe
缪 xnw xnwe
摸 rajd
谟 yaj yajd
嫫 vajd
馍 qnad
墓 ajdr
模 saj sajd
膜 eajd
麽 yssc
摩 yssr
磨 yssd
蘑 ays aysd
魔 yssc

抹 rgs rgsy
末 gs gsi
殁 gqmc
沫 igs igsy
茉 ags agsu
陌 bdj bdjg
秣 tgs tgsy
莫 ajd ajdu
寞 paj pajd
漠 iaj iajd
暮 ajdc
貊 eed eedj
墨 lfof
瘼 uajd
镆 qajd
默 lfod

貘 eea eead
糖 diy diyd
哞 kcr kcrh
牟 cr crhj
侔 wcr wcrh
眸 hcr hcrh
谋 yaf yafs
鍪 cbtq
某 afs afsu
母 xgu xgui
毪 tfnh
亩 ylf
牡 trfg
姆 vx vxgu
拇 rxg rxgu
木 ssss

仫 wtcy
目 hhhh
沐 isy
坶 fxg fxgu
牧 trt trty
苜 ahf
钼 qhg
募 ajdl
墓 ajdf
幕 ajdh
睦 hf hfwf
慕 ajdn
暮 ajdj
穆 tri trie

N

拿 wgkr
镎 qwgr
哪 kv kvfb
内 mw mwi
那 vfb vfbh
纳 xmwy
肭 emwy
娜 vvf vvfb
衲 pumw
钠 qmwy
捺 rdfi
乃 etn
奶 ve ven
艿 aeb
氖 rne rneb
奈 dfi dfiu
柰 sfiu
耐 dmjf
萘 adfi
鼐 ehn ehnn
囡 lvd
男 ll llb

南 fm fmuf
难 cw cwyg
喃 kfm kfmf
楠 sfm sfmf
赧 fobc
腩 efm efmf
蝻 jfm jfmf
嚷 kgke
囊 gkh gkhe
馕 qnge
曩 jyk jyke
攮 rgke
孬 giv givb
呶 kvc kvcy
挠 ratq
硇 dtl dtlq
铙 qat qatq
猱 qtcs
蛲 jatq
垴 fybh
恼 nyb nybh
脑 eyb eybh

瑙 gvt gvtq
闹 uym uymh
淖 ihj ihjh
扩 uygg
讷 ymwy
呐 kmwy
呢 knx knxn
馁 qne qnev
嫩 vgk vgkt
能 ce cexx
嗯 kldn
妮 vnx vnxn
尼 nx nxv
坭 fnx fnxn
怩 nnx nnxn
泥 inx inxn
倪 wvq wvqn
铌 qnx qnxn
猊 qtvq
霓 fvq fvqb
鲵 qgvq
伲 wnx wnxn

你 wq wqiy
拟 rny rnyw
旎 ytnx
呢 jnx jnxn
逆 ubt ubtp
匿 aadk
溺 ixu ixuu
睨 hvq hvqn
腻 eaf eafm
拈 rhkg
年 rh rhfk
鲇 qghk
鲶 qgwn
黏 twik
捻 rwyn
辇 fwfl
撵 rfwl
碾 dna dnae
廿 agh aghg
念 wynn
埝 fwyn
娘 vyv vyve

酿 sgye
鸟 qyng
茑 aqyg
袅 qyne
嬲 llv llvl
尿 nii
脲 eni eniy
捏 rjfg
聿 vhk
陧 bjf bjfg
涅 ijfg
聂 bcc bccu
桌 ths thsu
啮 khwb
嗫 kbc kbcc
镊 qbc qbcc
镍 qth qths
颞 bccm
蹑 khb khbc
孽 awnb
蘖 awns
您 wqin

宁 ps psj	甯 pnej	哝 kpe kpey	帑 vcmw	傩 wcwy
咛 kps kpsh	妞 vnf vnfg	浓 ipe ipey	怒 vcn vcnu	诺 yad yadk
拧 rps rpsh	牛 rhk	脓 epe epey	女 vvv	喏 kadk
狞 qtp qtps	忸 nnf nnfg	弄 gaj	钕 qvg	搦 rxu rxuu
柠 sps spsh	扭 rnf rnfg	耨 did didf	恧 dmjn	锘 qad qadk
聍 bps bpsh	狃 qtnf	奴 vcy	衄 tlnf	懦 nfdj
凝 uxt uxth	纽 xnf xnfg	孥 vcbf	疟 uagd	糯 ofd ofdj
佞 wfv wfvg	钮 qnf qnfg	弩 vcc vccf	虐 haa haag	
泞 ips ipsh	农 pei	努 vcl vclb	暖 jef jefc	
甯 pne pnej	侬 wpe wpey	驽 vcx vcxb	挪 rvf rvfb	

O

噢 ktmd	欧 aqq aqqw	鸥 aqqg	耦 dij dijy	沤 iaq iaqy
哦 ktr ktrt	殴 aqm aqmc	呕 kaqy	藕 adiy	
讴 yaq yaqy	瓯 aqgn	偶 wjm wjmy	怄 naq naqy	

P

趴 khw khwy	磐 temd	狍 qtqn	喷 kfa kfam	纰 xxxn
啪 krr krrg	蹒 khaw	炮 oq oqnn	盆 wvl wvlf	邳 gigb
葩 arc arcb	蟠 jtol	袍 puq puqn	溢 iwvl	披 rhc rhcy
杷 scn	判 udjh	匏 dfnn	怦 ngu nguh	砒 dxx dxxn
爬 rhyc	泮 iuf iufh	跑 khq khqn	抨 rguh	铍 qhc qhcy
耙 dic dicn	叛 udrc	泡 iqn iqnn	砰 dgu dguh	劈 nkuv
琶 ggc ggcb	盼 hwv hwvn	疱 uqn uqnv	烹 ybo ybou	澼 knk knku
筢 trc trcb	畔 luf lufh	呸 kgi kgig	嘭 kfke	霹 fnk fnku
帕 mhr mhrg	袢 puu puuf	胚 egi egig	朋 ee eeg	皮 hc hci
怕 nr nrg	襻 pusr	醅 sguk	堋 fee feeg	芘 axx axxb
拍 rrg	乒 rgy rgyu	陪 buk bukg	硼 dee deeg	枇 sxxn
徘 wdjd	滂 iup iupy	培 fuk fukg	蓬 atdp	毗 lxx lxxn
徘 tdjd	庞 ydx ydxv	赔 muk mukg	鹏 eeq eeqg	疲 uhc uhci
排 rdj rdjd	逄 tah tahp	锫 qukg	澎 ifke	蚍 jxxn
牌 thgf	旁 upy upyb	裴 djde	篷 ttdp	郫 rtfb
哌 kre krey	螃 jup jupy	沛 igmh	膨 efk efke	陴 brt brtf
派 ire irey	耪 diuy	佩 wmgh	蟛 jfke	啤 krt krtf
湃 ird irdf	胖 euf eufh	帔 mhhc	捧 rdw rdwh	埤 frt frtf
蒎 air aire	抛 rvl rvln	旆 ytg ytgh	碰 duo duog	琵 ggx ggxx
潘 itol	脬 eeb eebg	珮 gmgh	丕 gigf	脾 ert ertf
攀 sqq sqqr	刨 qnjh	配 sgn sgnn	蜱 jrt jrtf	罴 lfco
爿 nhde	咆 kqn kqnn	辔 xlx xlxk		蜱 jrt jrtf
盘 tel telf	庖 yqn yqnv	霈 fig figh	批 rx rxxn	貔 eetx

鼙 fkuf	蹁 khya	嫔 vpr vprw	泼 inty	匍 qgey
匹 aqv	谝 yyna	频 hid hidm	颇 hcd hcdm	莆 age agey
庀 yxv	骗 cyna	颦 hidf	婆 ihcv	菩 auk aukf
仳 wxx wxxn	剽 sfij	品 kkk kkkf	鄱 tolb	葡 aqg aqgy
圮 fnn	漂 isf isfi	榀 skk skkk	嶓 rtol	蒲 aigy
痞 ugi ugik	缥 xsf xsfi	牝 trx trxn	叵 akd	璞 gogy
擗 rnk rnku	飘 sfiq	娉 vmgn	钷 qak qakg	濮 iwo iwoy
癖 unk unku	螵 jsf jsfi	聘 bmg bmgn	笸 takf	镤 qog qogy
屁 nxx nxxv	瓢 sfiy	乒 rgt rgtr	迫 rpd	朴 shy
淠 ilgj	殍 gqeb	傅 wmgn	珀 grg	圃 lgey
媲 vtl vtlx	瞟 hsf hsfi	平 gu guhk	破 dhc dhcy	埔 fgey
睥 hr hrtf	票 sfiu	评 ygu yguh	粕 org	浦 igey
僻 wnk wnku	嘌 ksf ksfi	凭 wtfm	魄 rrqc	普 uo uogj
甓 nkun	嫖 vsf vsfi	坪 fgu fguh	剖 ukj ukjh	溥 igef
譬 nkuy	氕 rntr	苹 agu aguh	裒 yveu	谱 yuo yuoj
片 thg thgn	撇 rumt	屏 nua nuak	仆 why	氆 tfnj
偏 wyna	瞥 umih	枰 sgu sguh	攴 hcu	镨 quo quoj
犏 trya	丿 ttl ttll	瓶 uag uagn	攵 ttgy	蹼 kho khoy
篇 tyna	苤 agi agig	萍 aigh	扑 rhy	瀑 ija ijai
翩 ynmn	姘 vua vuah	鲆 qgg qggh	铺 qge qgey	曝 jja jjai
骈 cua cuah	拼 rua ruah	钋 qhy	噗 kog kogy	
胼 eua euah	贫 wvmu	坡 fhc fhcy		

Q

七 ag agn	祁 pyb pybh	骐 cadw	岂 mn mnb	荠 ayjj
沏 iav iavn	齐 yjj	骑 cds cdsk	芑 anb	茸 akb akbf
妻 gv gvhv	圻 frh	棋 sad sadw	启 ynk ynkd	碛 dgm dgmy
柒 ias iasu	岐 mfc mfcy	琦 gds gdsk	杞 snn	器 kkd kkdk
凄 ugvv	芪 aqa aqab	琪 gad gadw	起 fhn fhnv	憩 tdtn
栖 ssg	其 adw adwu	祺 pya pyaw	绮 xds xdsk	揩 rqv rqvg
桤 smnn	奇 dskf	蛴 jyj jyjh	綮 ynti	蓇 adhd
戚 dhi dhit	歧 hfc hfcy	旗 yta ytaw	气 rnb	恰 nwgk
萋 agv agvv	祈 pyr pyrh	綦 adwi	讫 ytnn	洽 iwg iwgk
期 adwe	耆 ftxj	蜞 jad jadw	汔 itn itnn	髂 mep mepk
欺 adww	脐 eyj eyjh	蕲 aujr	迄 tnp tnpv	千 tfk
嘁 kdht	颀 rdm rdmy	鳍 qgfj	弃 yca ycaj	仟 wtfh
槭 sdht	崎 mds mdsk	麒 ynjw	汽 irn irnn	阡 btf btfh
漆 isw iswi	淇 iadw	乞 tnb	泣 iug	扦 rtfh
蹊 khed	畦 lffg	企 whf	契 dhv dhvd	芊 atf atfj
亓 fjj	萁 aadw	屺 mnn	砌 dav davn	迁 tfp tfpk

金 wgif	戕 nhda	窍 pwan	清 ige igeg	球 gfi gfiy
岍 mgah	戗 wba wbat	翘 atgn	蜻 jgeg	赇 mfi mfiy
钎 qtf qtfh	枪 swb swbn	撬 rtfn	鲭 qgge	鿂 cay cayq
牵 dpr dprh	跄 khwb	鞘 afie	情 nge ngeg	酋 usgp
悭 njc njcf	腔 epw epwa	切 av avn	晴 jge jgeg	裘 fiye
铅 qmk qmkg	蜣 judn	茄 alkf	氰 rnge	蝤 jus jusg
谦 yuv yuvo	锖 qgeg	且 eg egd	擎 aqkr	觩 thlv
慇 tifn	锵 quqf	姜 uvf	檠 aqks	楸 othd
签 twgi	镪 qxk qxkj	怯 nfcy	黥 lfoi	区 aq aqi
骞 pfjc	强 xk xkjy	窃 pwav	苘 amk amkf	曲 ma mad
搴 pfjr	墙 ffuk	挈 dhvr	顷 xd xdmy	岖 maq maqy
褰 pfje	嫱 vfuk	惬 nag nagw	请 yge ygeg	诎 ybmh
前 ue uejj	蔷 afu afuk	箧 tagw	馨 fnmy	驱 caq caqy
荨 avf avfu	樯 sfu sfuk	锲 qdh qdhd	庆 yd ydi	屈 nbm nbmk
钤 qwyn	抢 rwb rwbn	亲 us usu	箐 tge tgef	祛 pyfc
虔 hay hayi	羟 udca	侵 wvp wvpc	磬 fnmd	蛆 jegg
钱 qg qgt	褛 pux puxj	钦 qqw qqwy	罄 fnmm	躯 tmdq
钳 qaf qafg	炝 owb owbn	衾 wyne	跫 amyh	蛐 jma jmag
乾 fjt fjtn	悄 ni nieg	芩 awyn	銎 amyq	趋 fhqv
掮 ryne	硗 dat datq	芹 arj	邛 abh	麴 fwwo
箝 traf	蹻 khaq	秦 dwt dwtu	穷 pwl pwlb	黢 lfot
潜 ifw ifwj	劁 wyoj	琴 ggwn	穹 pwx pwxb	蛷 qkl qkln
黔 lfon	敲 ymkc	禽 wyb wybc	茕 apn apnf	胸 eqk eqkg
凵 bnh	锹 qto qtoy	勤 akgl	筇 tab tabj	鸲 qkqg
浅 igt	橇 stf stfn	溱 idw idwt	琼 gyiy	渠 ians
肷 eqw eqwy	缲 xkk xkks	噙 kwyc	蛩 amyj	蕖 aias
慊 nuv nuvo	乔 tdj tdjj	擒 rwyc	丘 rgd	磲 dias
遣 khgp	侨 wtd wtdj	檎 swyc	邱 rgb rgbh	璩 ghae
谴 ykhp	荞 atdj	蠄 jdwt	秋 to toy	蘧 aha ahap
缱 xkhp	桥 std stdj	锓 qvp qvpc	蚯 jrgg	氍 hhwn
欠 qw qwu	谯 ywyo	寝 puvc	楸 sto stoy	瞿 uhh uhhy
芡 aqw aqwu	憔 nwyo	吣 kny	鳅 qgto	衢 thhh
茜 asf	鞒 aftj	沁 in iny	囚 lwi	蠷 jhhc
倩 wgeg	樵 swyo	揿 rqq rqqw	犰 qtvn	取 bc bcy
堑 lrf lrff	瞧 hwy hwyo	青 gef	求 fiy fiyi	娶 bcv bcvf
嵌 maf mafw	巧 agnn	氢 rnc rnca	蚼 jnn	龋 hwby
椠 lrs lrsu	愀 nto ntoy	轻 lc lcag	泅 ilw ilwy	去 fcu
歉 uvow	俏 wie wieg	倾 wxd wxdm	俅 wfiy	阒 uhd uhdi
呛 kwb kwbn	诮 yie yieg	卿 qtvb	酋 usgf	觑 haoq
羌 udnb	峭 mi mieg	圊 lged	逑 fiyp	趣 fhb fhbc

俊 ncw ncwt	轻 lwgg	犭 qte	瘸 ulkw	榷 spwy
圈 lud ludb	痊 uwg uwgd	犬 dgty	却 fcb fcbh	逡 cwt cwtp
全 wg wgf	铨 qwg qwgg	畎 ldy	悫 fpmn	裙 puvk
权 sc scy	筌 twgf	绻 xudb	雀 iwyf	群 vtk vtkd
诠 ywg ywgg	蜷 judb	劝 cl cln	确 dqe dqeh	
泉 riu	醛 sgag	券 udv udvb	阕 uwgd	
荃 awgf	鬈 deu deub	炔 onw onwy	阙 uub uubw	
拳 udr udrj	颧 akk akkm	缺 rmn rmnw	鹊 ajqg	

R

蚺 jmf jmfg	热 rvyo	仍 we wen	蹂 khcs	蓐 adff
然 qd qdou	人 w wwww	日 jjjj	鞣 afcs	褥 pudf
羳 dem demf	亻 wth	戎 ade	肉 mwwi	阮 bfq bfqn
燃 oqdo	仁 wfg	肜 eet	如 vk vkg	朊 efq efqn
冉 mfd	壬 tfd	狨 qtad	茹 avk avkf	软 lqw lqwy
苒 amf amff	忍 vynu	绒 xad xadt	铷 qvk qvkg	蕤 aetg
染 ivs ivsu	荏 awtf	茸 abf	儒 wfd wfdj	蕊 ann annn
禳 pyye	稔 twyn	荣 aps apsu	嚅 kfd kfdj	芮 amwu
瓤 ykky	刃 vyi	容 pwwk	孺 bfd bfdj	枘 smwy
穰 tyk tyke	认 yw ywy	嵘 maps	濡 ifd ifdj	蚋 jmw jmwy
嚷 kyk kyke	仞 wvy wvyy	溶 ipwk	薷 afdj	锐 quk qukq
壤 fyk fyke	任 wtf wtfg	蓉 apw apwk	褥 pufj	瑞 gmd gmdj
攘 ryk ryke	纫 xvy xvyy	榕 spwk	蠕 jfdj	睿 hpgh
让 yh yhg	妊 vtf vtfg	熔 opw opwk	颥 fdmm	闰 ug ugd
荛 aatq	韧 lvy lvyy	蝾 japs	汝 ivg	润 iugg
饶 qna qnaq	刎 fnhy	镕 qpwk	乳 ebn ebnn	若 adk adkf
桡 sat satq	恁 qntf	融 gkm gkmj	辱 dfef	偌 wad wadk
扰 rdn rdnn	衽 putf	冗 pmb	入 ty tyi	弱 xu xuxu
娆 vat vatq	恁 wtfn	柔 cbts	洳 ivkg	箬 tadk
绕 xat xatq	葚 aadn	揉 rcbs	溽 idff	
惹 adkn	扔 re ren	糅 ocb ocbs	缛 xdff	

S

仨 wdg	塞 pfjf	毵 cden	搡 rccs	臊 ekks
撒 rae raet	腮 elny	伞 wuh wuhj	磉 dcc dccs	鳋 qgcj
洒 is isg	噻 kpf kpff	散 aet aety	颡 cccm	扫 rv rvg
卅 gkk	鳃 qgl qgln	糁 ocd ocde	丧 fue fueu	嫂 vvh vvhc
飒 umqy	赛 pfjm	馓 qnat	搔 rcyj	埽 fvp fvph
脎 eqs eqsy	三 dg dggg	桑 cccs	骚 ccyj	瘙 ucy ucyj
萨 abu abut	叁 cdd cddf	嗓 kcc kccs	缫 xvj xvjs	色 qc qcb

涩 ivy ivyh	闪 uw uwi	茗 avkf	谂 ywyn	石 dgtg
嵩 fulk	陕 bgu bguw	韶 ujv ujvk	婶 vpj vpjh	时 jf jfy
铯 qqcn	讪 ymh	少 it itr	沇 ipj ipjh	识 ykw ykwy
瑟 ggn ggnt	汕 imh	劭 vkl vkln	肾 jce jcef	实 pu pudu
穑 tfuk	疝 umk	邵 vkb vkbh	甚 adwn	拾 rwgk
森 sss sssu	苫 ahk ahkf	绍 xvk xvkg	胂 ejhh	炻 odg
僧 wul wulj	剡 ooj oojh	哨 kie kieg	渗 icd icde	蚀 qnj qnjy
杀 qsu	扇 ynnd	潲 iti itie	慎 nfh nfhw	食 wyv wyve
沙 iit iitt	善 uduk	奢 dft dftj	椹 sadn	埘 fjfy
纱 xi xitt	骟 cynn	猞 qtwk	屟 dfej	莳 ajfu
刹 qsj qsjh	鄯 udub	赊 mwf mwfi	升 tak	鲥 qgjf
砂 di ditt	缮 xud xudk	畬 wfil	生 tg tgd	史 kq kqi
莎 aiit	嬗 vylg	舌 tdd	声 fnr	矢 tdu
铩 qqs qqsy	擅 ryl rylg	余 wfiu	牲 trtg	豕 egt egty
痧 uii uiit	膳 eudk	蛇 jpx jpxn	胜 etg etgg	使 wgkq
裟 iite	赡 mqd mqdy	舍 wfk wfkf	笙 ttgf	始 vck vckg
鲨 iitg	蟮 judk	厍 dlk	塍 tgll	驶 ckq ckqy
傻 wtlt	鳝 qguk	设 ymc ymcy	渑 ikj ikjn	屎 noi
唆 kuv kuvg	伤 wtl wtln	社 py pyfg	绳 xkjn	士 fghg
啥 kwfk	殇 gqtr	射 tmdf	省 ith ithf	氏 qa qav
歃 tfvw	商 um umwk	涉 ihi ihit	眚 tghf	礻 pyi
煞 qvt qvto	觞 qetr	赦 fot foty	圣 cff	世 an anv
霎 fuv fuvf	墒 fum fumk	慑 nbc nbcc	晟 jdn jdnt	仕 wfg
筛 tjgh	熵 oum oumk	摄 rbcc	盛 dnnl	市 ymhj
晒 jsg	裳 ipke	滠 ibc ibcc	剩 tuxj	示 fi fiu
山 mmm	垧 ftm ftmk	麝 ynjf	嵊 mtu mtux	式 aa aad
彡 ett ettt	晌 jtm jtmk	申 jhk	尸 nngt	事 gk gkvh
删 mmgj	赏 ipkm	伸 wjh wjhh	失 rw rwi	侍 wff wffy
杉 set	上 h hhgg	身 tmd tmdt	师 jgm jgmh	势 rvyl
芟 amc amcu	尚 imkf	呻 kjh kjhh	虱 ntj ntji	视 pym pymq
姗 vmmg	绱 xim ximk	绅 xjh xjhh	诗 yff yffy	试 yaa yaag
衫 pue puet	捎 rie rieg	洗 ytfq	施 ytb ytbn	饰 qnth
钐 qet	梢 sie sieg	娠 vdf vdfe	狮 qtjh	室 pgc pgcf
埏 fth fthp	烧 oat oatq	砷 djh djhh	湿 ijo ijog	特 nff nffy
珊 gmmg	稍 tie tieg	深 ipw ipws	蓍 aftj	拭 raa raag
舢 temh	筲 tief	神 pyj pyjh	酾 sggy	是 j jghu
跚 khmg	艄 teie	沈 ipq ipqn	鲺 qgn qgnj	柿 symh
煽 oynn	蛸 jie jieg	审 pj pjhj	十 fgh	贳 anm anmu
潸 isse	勺 qyi	哂 ksg	乇 qnb	适 tdp tdpd
膻 eyl eylg	芍 aqy aqyu	矧 tdxh	什 wfh	舐 tdqa

轼 laa laag	觥 wgen	涮 inm inmj	渐 iadr	锼 qvhc
逝 rrp rrpk	输 lwg lwgj	双 cc ccy	死 gqx gqxb	艘 tevc
铈 qymh	蔬 anh anhq	霜 fs fshf	巳 nngn	螋 jvh jvhc
弑 qsa qsaa	秫 tsy tsyy	孀 vfs vfsh	四 lh lhng	叟 vhc vhcu
谥 yuw yuwl	孰 ybvy	爽 dqq dqqq	寺 ff ffu	嗾 kyt kytd
释 toc toch	赎 mfn mfnd	谁 ywyg	汜 inn	瞍 hvh hvhc
嗜 kftj	塾 ybvf	氵 iyyg	伺 wng wngk	擞 rovt
筮 taw taww	熟 ybv ybvo	水 ii iiii	似 wny wnyw	薮 aovt
誓 rryf	暑 jft jftj	税 tuk tukq	兕 mmgq	苏 alw alwu
噬 kta ktaw	黍 twi twiu	睡 ht htgf	姒 vny vnyw	酥 sgty
螫 fotj	署 lftj	吮 kcq kcqn	祀 pynn	稣 qgty
收 nh nhty	鼠 vnu vnun	顺 kd kdmy	泗 ilg	俗 wwwk
手 rt rtgh	蜀 lqj lqju	舜 epqh	饲 qnnk	夙 mgq mgqi
扌 rgh rghg	薯 alfj	瞬 hep heph	驷 clg	诉 yr yryy
守 pf pfu	曙 jl jlfj	说 yu yukq	俟 wct wctd	肃 vij vijk
首 uth uthf	术 sy syi	妁 vqy vqyy	笥 tng tngk	涑 igki
艏 teu teuh	戍 dynt	烁 oqi oqiy	耜 din dinn	素 gxi gxiu
寿 dtf dtfu	束 gki gkii	铄 qqi qqiy	嗣 kma kmak	速 gkip
受 epc epcu	沭 isyy	朔 ubte	肆 dv dvfh	宿 pwdj
狩 qtpf	述 syp sypi	铄 qqi qqiy	忪 nwc nwcy	粟 sou
兽 ulg ulgk	树 scf scfy	硕 ddm ddmy	松 swc swcy	谡 ylw ylwt
售 wyk wykf	竖 jcu jcuf	嗍 kub kube	淞 usw uswc	嗉 kgxi
授 rep repc	恕 vkn vknu	搠 rub rube	崧 msw mswc	塑 ubtf
绶 xep xepc	庶 yao yaoi	蒴 aub aube	凇 iswc	愫 ngx ngxi
瘦 uvh uvhc	数 ovt ovty	嗽 kgkw	菘 asw aswc	溯 iub iube
书 nnh nnhy	腧 ewgj	槊 ubts	嵩 mymk	傈 wso wsoy
殳 mcu	墅 jfcf	厶 cny	怂 wwnu	蔌 agk agkw
抒 rcb rcbh	漱 igkw	纟 xxx xxxx	悚 ngki	觫 qegi
纾 xcb xcbh	澍 ifkf	丝 xxg xxgf	耸 wwb wwbf	簌 tgkw
叔 hic hicy	刷 nmh nmhj	司 ngk ngkd	竦 ugki	狻 qtct
枢 saq saqy	唰 knm knmj	私 tcy	讼 ywc ywcy	酸 sgc sgct
姝 vri vriy	耍 dmjv	咝 kxxg	宋 psu	蒜 afi afii
倏 whtd	衰 ykge	思 ln lnu	诵 yceh	算 tha thaj
殊 gqr gqri	摔 ryx ryxf	鸶 xxgg	送 udp udpi	虽 kj kju
梳 syc sycq	甩 en env	斯 adwr	颂 wcd wcdm	荽 aev aevf
淑 ihic	帅 jmh jmhh	缌 xlny	嗖 kvh kvhc	眭 hff hffg
菽 ahi ahic	蟀 jyx jyxf	蛳 jjg jjgh	搜 rvh rvhc	睢 hwyg
疏 nhy nhyq	闩 ugd	厮 dadr	溲 ivh ivhc	濉 ihw ihwy
舒 wfkb	拴 rwg rwgg	锶 qln qlny	傻 qnvc	绥 xev xevg
摅 rhan	栓 swgg	嘶 kad kadr	飕 mqvc	隋 bda bdae

随 bde bdep | 隧 bue buep | 飧 qwye | 挈 iitr | 缩 xpw xpwj
髓 med medp | 燧 oue ouep | 损 rkm rkmy | 杪 sii siit | 所 rn rnrh
岁 mqu | 穗 tgjn | 笋 tvt tvtr | 梭 scw scwt | 唢 kim kimy
祟 bmf bmfi | 邃 pwup | 隼 wyfj | 睃 hcw hcwt | 索 fpx fpxi
谇 yyw yywf | 孙 bi biy | 桦 swyf | 嗦 kfpi | 琐 gimy
遂 uep uepi | 狲 qtbi | 唆 kcw kcwt | 羧 udct | 锁 qim qimy
碎 dyw dywf | 荪 abiu | 娑 iitv | 蓑 ayk ayke |

T

他 wb wbn | 酞 sgdy | 唐 yvh yvhk | 啕 kqrm | 悌 nux nuxt
它 px pxb | 坍 fmyg | 堂 ipkf | 淘 iqr iqrm | 涕 iuxt
跶 khey | 贪 wynm | 棠 ipks | 萄 aqr aqrm | 遆 qtop
铊 qpx qpxn | 摊 rcw rcwy | 塘 fyv fyvk | 翿 iqf iqfc | 惕 njq njqr
塌 fjn fjng | 滩 icw icwy | 搪 ryv ryvk | 讨 yfy | 替 fwf fwfj
溻 ijn ijng | 瘫 ucwy | 溏 iyvk | 套 ddu | 裼 pujr
塔 fawk | 坛 ffc ffcy | 瑭 gyvk | 忑 ghnu | 嚏 kfph
獭 qtgm | 县 jfcu | 樘 sip sipf | 忒 ani | 天 gd gdi
鳎 qgjn | 谈 yoo yooy | 膛 ei eipf | 特 trf trff | 添 igd igdn
挞 rdp rdpy | 郯 oob oobh | 糖 oyv oyvk | 铽 qany | 田 llll
闼 udpi | 覃 sjj | 螗 jyvk | 愿 aadn | 恬 ntd ntdg
遢 jnp jnpd | 痰 uoo uooi | 螳 jip jipf | 疼 utu utui | 畋 lty
榻 sjn sjng | 锬 qoo qooy | 醣 sgyk | 腾 eud eudc | 甜 tdaf
踏 khij | 谭 ysj ysjh | 帑 vcm vcmh | 眷 udyf | 填 ffh ffhw
骀 cck cckg | 潭 isj isjh | 倘 wim wimk | 藤 aeu aeui | 阗 ufh ufhw
胎 eck eckg | 檀 syl sylg | 淌 iim iimk | 剔 jqrj | 忝 gdn gdnu
台 ck ckf | 忐 hnu | 傥 wipq | 梯 sux suxt | 珍 gqwe
邰 ckb ckbh | 坦 fjg fjgg | 糃 diik | 锑 qux quxt | 腆 ema emaw
抬 rck rckg | 祖 pujg | 躺 tmdk | 踢 khj khjr | 舔 tdgn
苔 ack ackf | 钽 qjg qjgg | 烫 inro | 绨 xuxt | 掭 rgdn
炱 cko ckou | 毯 tfno | 趟 fhi fhik | 啼 ku kuph | 佻 wiq wiqn
跆 khck | 叹 kcy | 涛 idt idtf | 提 rj rjgh | 挑 riq riqn
鲐 qgc qgck | 炭 mdo mdou | 绦 xts xtsy | 缇 xjg xjgh | 桃 pyiq
鲐 qgck | 探 rpws | 掏 rqr rqrm | 鹈 uxhg | 条 ts tsu
薹 afkf | 赕 moo mooy | 滔 iev ievg | 题 jghm | 迢 vkp vkpd
太 dy dyi | 碳 dmd dmdo | 韬 fnhv | 蹄 khuh | 笤 tvk tvkf
汰 idy idyy | 汤 inr inrt | 饕 kgne | 醍 sgjh | 龆 hwbk
态 dyn dynu | 铴 qin qinr | 洮 iiq iiqn | 体 wsg wsgg | 蜩 jmfk
肽 edy edyy | 羰 udm udmo | 逃 iqp iqpv | 屉 nan nanv | 髫 devk
钛 qdy qdyy | 镗 qipf | 桃 siq siqn | 剃 uxhj | 鲦 qgts
泰 dwiu | 饧 qnnr | 陶 bqr bqrm | 倜 wmf wmfk | 窕 pwi pwiq

眺 hiq hiqn	挺 rtfp	恸 nfcl	菟 aqky
枭 bmo bmou	梃 stfp	痛 uce ucek	湍 imd imdj
铫 qiq qiqn	铤 qtfp	偷 wwgj	团 lft lfte
跳 khi khiq	艇 tet tetp	亠 yyg	抟 rfn rfny
贴 mhkg	通 cep cepk	头 udi	疃 luj lujf
萜 amhk	啙 kce kcep	投 rmc rmcy	象 xeu
铁 qr qrwy	仝 waf	骰 memc	推 rwyg
帖 mhh mhhk	同 m mgkd	透 tep tepv	颓 tmdm
饕 gqwe	佟 wtuy	凸 hgm hgmg	腿 eve evep
厅 ds dsk	彤 mye myet	秃 tmb	退 vep vepi
汀 ish	茼 amg amgk	突 pwd pwdu	煺 ove ovep
听 kr krh	桐 smgk	图 ltu ltui	蜕 juk jukq
町 lsh	砼 dwa dwag	徒 tfhy	褪 puvp
烃 oc ocag	铜 qmgk	涂 iwt iwty	吞 gdk gdkf
廷 tfpd	童 ujff	茶 awt awtu	暾 jyb jybt
亭 yps ypsj	酮 sgmk	途 wtp wtpi	屯 gb gbnv
庭 ytfp	僮 wuj wujf	屠 nft nftj	饨 qngn
莛 atfp	潼 iujf	酴 sgwt	豚 eey
停 wyp wyps	瞳 hu hujf	土 ffff	臀 nawe
婷 vyp vyps	统 xyc xycq	吐 kfg	余 wiu
葶 ayp ayps	捅 rce rceh	钍 qfg	乇 tav
蜓 jtfp	桶 sce sceh	兔 qkqy	托 rta rtan
霆 ftf ftfp	筒 tmgk	堍 fqk fqky	拖 rtb rtbn

W

哇 kff kffg	湾 iyo iyox	惋 npqb	枉 sgg	微 tmg tmgt
娃 vff vffg	蜿 jpq jpqb	绾 xpn xpnn	罔 muy muyn	煨 olg olge
挖 rpwn	豌 gkub	脘 epf epfq	惘 nmu nmun	薇 atm atmt
洼 iffg	丸 vyi	菀 apqb	辋 lmu lmun	巍 mtv mtvc
娲 vkmw	纨 xvyy	琬 gpq gpqb	魍 rqcn	口 lhng
蛙 jff jffg	芄 avy avyu	皖 rpf rpfq	妄 ynvf	为 o ylyi
瓦 gny gnyn	完 pfq pfqb	畹 lpq lpqb	忘 ynnu	韦 fnh fnhk
佤 wgn wgnn	玩 gfq gfqn	碗 dpq dpqb	旺 jgg	圩 fgf fgfh
袜 pug pugs	顽 fqd fqdm	万 dnv	望 yneg	围 lfnh
腽 ejl ejlg	烷 opf opfq	腕 epq epqb	危 qdb qdbb	帏 mhf mhfh
歪 gig gigh	宛 pq pqbb	汪 ig igg	威 dgv dgvt	沩 iyl iyly
崴 mdgt	挽 rqkq	亡 ynv	偎 wlge	违 fnhp
外 qh qhy	晚 jq jqkq	王 ggg gggg	逶 tvp tvpd	闱 ufn ufnh
弯 yox yoxb	莞 apfq	网 mqq mqqi	限 blge	桅 sqd sqdb
剜 pqbj	婉 vpq vpqb	往 tyg tygg	葳 adg adgt	涠 ilf ilfh

唯 kwyg	位 wug	瓮 wfm wfmy	邬 qngb	侮 wtx wtxu
帷 mhwy	味 kfi kfiy	翁 wcn wcnf	呜 kqng	捂 rgkg
惟 nwy nwyg	畏 lge lgeu	嗡 kwc kwcn	巫 aww awwi	悟 trgk
维 xwy xwyg	胃 le lef	蓊 awc awcn	屋 ngc ngcf	鹀 gahg
嵬 mrq mrqc	曹 gjfk	瓮 wcg wcgn	诬 yaw yaww	舞 rlg rlgh
潍 ixw ixwy	谓 yle yleg	我 q trnt	钨 qqn qqng	兀 gqv
伟 wfn wfnh	喂 klge	沃 itdy	无 fq fqv	勿 qre
伪 wyl wyly	渭 ile ileg	肟 efn efnn	毋 xde	务 tl tlb
尾 ntf ntfn	猬 qtle	卧 ahnh	吴 kgd kgdu	戊 dny dnyt
纬 xfnh	蔚 anf anff	幄 mhnf	吾 gkf	阢 bgq bgqn
苇 afn afnh	慰 nfi nfin	握 rng rngf	芜 afqb	杌 sgqn
委 tv tvf	魏 tvr tvrc	渥 ing ingf	唔 kgkg	芴 aqrr
炜 ofn ofnh	温 ijl ijlg	硪 dtr dtrt	梧 sgk sgkg	物 tr trqr
玮 gfn gfnh	瘟 ujl ujld	斡 fjwf	浯 igkg	误 ykg ykgd
洧 ideg	文 yygy	龌 hwbf	蜈 jkg jkgd	悟 ngkg
娓 vntn	纹 xyy	乌 qng qngd	顒 vnuk	晤 jgk jgkg
诿 ytv ytvg	闻 ub ubd	圬 ffn ffnn	五 gg gghg	焐 ogk ogkg
萎 atv atvf	蚊 jyy	污 ifn ifnn	午 tfj	娒 cbtv
隗 brq brqc	阌 uepc		仵 wtfh	痦 ugkd
猥 qtle	雯 fyu		伍 wgg	鹜 cbtc
痿 utv utvd	刎 qrj qrjh		坞 fqng	雾 ftl ftlb
魭 ten tenn	吻 kqr kqrt		妩 vfq vfqn	寤 pnhk
赴 jghh	紊 yxiu		庑 yfq yfqv	鹜 cbtg
鲔 qgde	稳 tqv tqvn		忤 nfq nfqn	鉴 itdq
卫 bg bgd	问 ukd		迕 tfpk	
未 fii	汶 iyy		武 gah gahd	

X

夕 qtny	唏 kqd kqdh	晰 jsr jsrh	蜥 jsrh	巂 vnud
兮 wgnb	奚 exd exdu	犀 nir nirh	嘻 kfk kfkk	习 nu nud
汐 iqy	息 thn thnu	稀 tqd tqdh	嬉 vfk vfkk	席 yam yamh
西 sghg	淅 iqdh	栖 osg	膝 esw eswi	袭 dxy dxye
吸 ke keyy	牺 trs trsg	翕 wgkn	樨 snih	觋 awwq
希 qdm qdmh	悉 ton tonu	舾 tesg	歙 wgkw	媳 vthn
昔 ajf	惜 najg	溪 iex iexd	熹 fkuo	隰 bjx bjxo
析 sr srh	欷 qdmw	皙 srr srrf	羲 ugt ugtt	橄 sry sryt
矽 dqy	浙 isr isrh	锡 qjq qjqr	螅 jthn	洗 itfq
歺 pwq pwqu	烯 oqd oqdh	僖 wfkk	蟋 jto jton	玺 qig qigy
诶 yct yctd	硒 dsg	熄 othn	醯 sgyl	徙 thh thhy
郗 qdmb	菥 asr asrj	熙 ahko	曦 jug jugt	铣 qtfq

喜 fku fkuk	荟 awgi	乡 xte	销 qie qieg	械 sa saah
蒽 alnu	掀 rrq rrqw	芗 axt axtr	潇 iavj	袤 yrv yrve
屣 nthh	跹 khtp	相 shg	箫 tvij	漅 ians
蒩 ath athh	酰 sgtq	香 tjf	霄 fie fief	谢 ytm ytmf
禧 pyfk	锨 qrq qrqw	厢 dsh dshd	魈 rqce	梈 sni snie
戏 ca cat	鲜 qgu qgud	湘 ishg	嚣 kkdk	榭 stm stmf
系 txi txiu	暹 jwy jwyp	缃 xsh xshg	崤 mqde	廨 yqe yqeh
忾 qnrn	闲 usi	葙 ash ashf	涓 iqd iqde	懈 nq nqeh
细 xl xlg	弦 xyx xyxy	箱 tsh tshf	小 ih ihty	獬 qtqh
郄 qdc qdcb	贤 jcm jcmu	襄 ykk ykke	晓 jat jatq	薤 agqg
阋 uvq uvqv	咸 dgk dgkt	骧 cyk cyke	筱 twh twht	邂 qevp
舄 vqo vqou	涎 ithp	镶 qyk qyke	孝 ftb ftbf	燮 oyo oyoc
隙 bij biji	娴 vus vusy	详 yud yudh	肖 ie ief	瀣 ihq ihqg
禊 pydd	舷 teyx	庠 yudk	哮 kft kftb	蟹 qevj
呷 klh	衔 tqf tqfh	祥 pyu pyud	效 uqt uqty	躞 khoc
虾 jghy	痫 uus uusi	翔 udng	校 suq suqy	忄 nyhy
瞎 hp hpdk	鹇 usq usqg	享 ybf	笑 ttd ttdu	心 ny nyny
匣 alk	嫌 vu vuvo	响 ktm ktmk	啸 kvi kvij	忻 nrh
侠 wgu wguw	冼 utf utfq	饷 qntk	些 hxf hxff	芯 anu
狎 qtl qtlh	显 jo jogf	缮 xtw xtwe	楔 sdh sdhd	辛 uygh
峡 mguw	险 bwg bwgi	想 shn shnu	歇 jqw jqww	昕 jrh
狭 qtgw	猃 qtwi	鲞 udqg	蝎 jjq jjqn	欣 rqw rqwy
硖 dguw	蚬 jmq jmqn	向 tm tmkd	协 fl flwy	莘 auj
遐 nhf nhfp	筅 ttfq	巷 awn awnb	邪 ahtb	锌 quh
暇 jnh jnhc	跣 khtq	项 adm admy	胁 elw elwy	新 usr usrh
瑕 gnh gnhc	薛 aqgd	象 qje qjeu	挟 rgu rguw	歆 ujqw
辖 lpdk	燹 eeo eeou	像 wqj wqje	偕 wxxr	薪 aus ausr
霞 fnhc	县 egc egcu	橡 sqj sqje	斜 wtuf	馨 fnm fnmj
黠 lfok	岘 mmqn	蟓 jqj jqje	谐 yxxr	鑫 qqq qqqf
下 gh ghi	苋 amq amqb	枭 qyns	携 rwye	囟 tlqi
吓 kgh kghy	现 gm gmqn	削 iej iejh	飑 llln	信 wy wyg
夏 dht dhtu	线 xg xgt	哓 kat katq	撷 rfkm	衅 tlu tluf
厦 ddh ddht	限 bv bvey	枵 skg skgn	缬 xfkm	兴 iw iwu
罅 rmhh	宪 ptf ptfq	骁 catq	鞋 afff	惺 njt njtg
仙 wm wmh	陷 bqv bqvg	宵 pi pief	写 pgn pgng	猩 qtjg
先 tfq tfqb	馅 qnqv	消 iie iieg	泄 iann	腥 ejt ejtg
纤 xtf xtfh	羡 ugu uguw	绡 xie xieg	泻 ipgg	刑 gajh
氙 rnm rnmj	献 fmud	逍 iep iepd	绁 xann	行 tf tfhh
祆 pygd	腺 eri eriy	萧 avi avij	卸 rhb rhbh	邢 gab gabh
籼 omh	霰 fae faet	硝 die dieg	屑 nied	

形 gae gaet
陉 bca bcag
型 gajf
硎 dgaj
醒 sgj sgjg
擤 rth rthj
杏 skf
姓 vtg vtgg
幸 fuf fufj
性 ntg ntgg
荇 atfh
悻 nfuf
凶 qb qbk
兄 kqb
匈 qqb qqbk
芎 axb
汹 iqbh
胸 eq eqqb
雄 dcw dcwy
熊 cexo
休 ws wsy
咻 kws kwsy
庥 yws ywsi
羞 udn udnf
倵 wsq wsqg
貅 eew eews
馐 qnuf

槑 dew dews
朽 sgnn
秀 te teb
岫 mmg
绣 xten
袖 pum pumg
锈 qten
溴 ithd
戌 dgn dgnt
肝 hgf hgfh
荂 dhdf
胥 nhe nhef
须 ed edmy
项 gdm gdmy
虚 hao haog
嘘 khag
需 fdm fdmj
墟 fhag
徐 twt twty
许 ytf ytfh
诩 yng
栩 sng
糈 onh onhe
醑 sgne
旭 vj vjd
序 ycb ycbk
叙 wtc wtcy

恤 ntl ntlg
洫 itlg
畜 yxl yxlf
勖 jhl jhln
绪 xft xftj
续 xfn xfnd
酗 sgqb
婿 vnhe
溆 iwtc
絮 vkx vkxi
嗅 kthd
煦 jqko
蓄 ayx ayxl
蓿 apwj
轩 lf lfh
宣 pgj pgjg
谖 yef yefc
喧 kp kpgg
揎 rpg rpgg
萱 apgg
暄 jpg jpgg
煊 opg opgg
儇 wlge
玄 yxu
痃 uyx uyxi
悬 egcn
旋 ytn ytnh

漩 iyth
璇 gyth
选 tfqp
癣 uqg uqgd
泫 iyx iyxy
炫 oyx oyxy
绚 xqj xqjg
眩 hy hyxy
铉 qyx qyxy
渲 ipgg
楦 spg spgg
碹 dpgg
镟 qyth
靴 afwx
薛 awnu
穴 pwu
学 ip ipbf
泶 ipi ipiu
踅 rrkh
雪 fv fvf
鳕 qgfv
血 tld
谑 yha yhag
勋 kml kmln
埙 fkmy
熏 tgl tglo
窨 pwuj

獯 qtto
薰 atgo
曛 jtgo
醺 sgto
寻 vf vfu
巡 vp vpv
旬 qj qjd
驯 ckh
询 yqj yqjg
峋 mqj mqjg
恂 nqj nqjg
洵 iqj iqjg
浔 ivfy
荀 aqj aqjf
循 trfh
鲟 qgv qgvf
训 yk ykh
讯 ynf ynfh
汛 inf infh
迅 nfp nfpk
徇 tqj tqjg
逊 bip bipi
殉 gqq gqqj
巽 nna nnaw
蕈 asj asjj

Y

丫 uhk
压 dfy dfyi
呀 ka kaht
押 rl rlh
鸦 ahtg
桠 sgog
鸭 lqy lqyg
牙 ah ahte
伢 wah waht
岈 mah maht
芽 aah aaht

琊 gahb
蚜 jah jaht
崖 mdff
涯 idf idff
睚 hd hdff
衙 tgk tgkh
疋 nhi
哑 kgo kgog
痖 ugog
雅 ahty
亚 gog gogd

讶 yah yaht
迓 ahtp
垭 fgo fgog
娅 vgo vgog
砑 dah daht
氩 rngg
挜 rajv
咽 kld kldy
恹 nddy
烟 ol oldy
胭 eld eldy

崦 mdj mdjn
淹 idj idjn
焉 ghg ghgo
菸 aywu
阉 udjn
湮 isfg
腌 edjn
鄢 ghgb
嫣 vgh vgho
蔫 agho
讠 yyn

延 thp thpd
闫 udd
严 god godr
妍 vga vgah
芫 afqb
言 yyy yyyy
岩 mdf
沿 imk imkg
炎 oo oou
研 dga dgah
盐 fhl fhlf

阍 uqvd	煐 gqm gqmd	瑶 ger germ	咔 kwvt	倚 wds wdsk
筵 tthp	秧 tmdy	繇 ermi	猗 qtdk	椅 sds sdsk
蜒 jthp	莺 mdq mdqg	鳐 qgem	铱 qye qyey	旖 ytdk
颜 utem	鞅 afmd	杳 sjf	壹 fpg fpgu	义 yq yqi
檐 sqdy	扬 rnr rnrt	咬 kuq kuqy	揖 rkb rkbg	亿 wn wnn
兖 ucq ucqb	羊 udj	窈 pwxl	欹 dskw	弋 agny
奄 djn djnb	阳 bj bjg	舀 evf	漪 iqtk	刈 qjh
俨 wgo wgod	杨 sn snrt	崾 msv msvg	噫 kujn	忆 nn nnn
衍 tif tifh	炀 onrt	药 ax axqy	黟 lfoq	艺 anb
偃 wajv	佯 wudh	要 s svf	仪 wyq wyqy	仡 wtn wtnn
厣 ddl ddlk	疡 unr unre	鹞 ermg	圯 fnn	议 yyq yyqy
掩 rdjn	徉 tud tudh	曜 jnw jnwy	夷 gxw gxwi	亦 you
眼 hv hvey	洋 iu iudh	耀 iqny	沂 irh	屹 mtnn
郾 ajv ajvb	烊 oud oudh	椰 sbb sbbh	诒 yck yckg	异 naj
琰 goo gooy	蛘 jud judh	噎 kfp kfpu	宜 peg pegf	伏 wrw wrwy
罨 ldjn	仰 wqbh	爷 wqb wqbj	怡 nck nckg	呓 kan kann
演 ipg ipgw	养 udyj	耶 bbh	迤 tbp tbpv	役 tmc tmcy
魇 ddr ddrc	氧 rnu rnud	揶 rbb rbbh	饴 qnc qnck	抑 rqb rqbh
鼹 vnuv	痒 uud uudk	铘 qahb	咦 kgx kgxw	译 ycf ycfh
厌 ddi	怏 nmdy	也 bn bnhn	姨 vg vgxw	邑 kcb
彦 uter	恙 ugn ugnu	冶 uck uckg	荑 agx agxw	佾 wweg
砚 dmq dmqn	样 su sudh	野 jfc jfcb	贻 mck mckg	峄 mcf mcfh
喭 kyg	漾 iugi	业 og ogd	眙 hck hckg	易 jqr jqrr
宴 pjv pjvf	幺 xnny	叶 kf kfh	胰 egx egxw	绎 xcf xcfh
晏 jpv jpvf	夭 tdi	曳 jxe	酏 sgb sgbn	诣 yxj yxjg
艳 dhq dhqc	吆 kxy	页 dmu	痍 ugxw	驿 ccf ccfh
验 cwg cwgi	妖 vtd vtdy	邺 ogb ogbh	移 tqq tqqy	奕 yod yodu
谚 yut yute	腰 esv esvg	夜 ywt ywty	遗 khgp	弈 yoa yoaj
堰 fajv	邀 rytp	晔 jwx jwxf	颐 ahkm	疫 umc umci
焰 oqv oqvg	爻 qqu	烨 owx owxf	疑 xtdh	羿 naj
焱 ooou	尧 atgq	掖 ryw rywy	嶷 mx mxth	轶 lrw lrwy
雁 dwwy	看 qde qdef	液 iyw iywy	彝 xgo xgoa	悒 nkc nkcn
滟 idhc	姚 viq viqn	谒 yjq yjqn	乙 nnl nnll	挹 rkc rkcn
酽 sggd	轺 lvk lvkg	厣 dddl	已 nnnn	益 uwl uwlf
潆 yfm yfmd	珧 giq giqn	一 g ggll	以 c nywy	谊 ype ypeg
履 ddw ddwe	窑 pwr pwrm	礻 pui	钇 qnn	埸 fjq fjqr
燕 au auko	谣 yer yerm	伊 wvt wvtt	矣 ct ctdu	翊 ung
赝 dwwm	徭 term	衣 ye yeu	苡 any anyw	翌 nuf
央 md mdi	摇 rer rerm	医 atd atdi	敉 teyq	逸 qkqp
泱 imdy	遥 er ermp	依 wye wyey	蚁 jyq jyqy	意 ujn ujnu

溢 iuw iuwl	尹 vte	瀛 iyny	幽 xxm xxmk	渝 iwgj
缢 xuw xuwl	引 xh xhh	郢 kgbh	瘀 uywu
肂 xtdh	吲 kxh kxhh	颍 xid xidm	于 gf gfk
裔 yem yemk	饮 qnq qnqw	颖 xtd xtdm	尤 dnv	予 cbj
瘗 uguf	蚓 jxh jxhh	影 jyie	尤 dnv	余 wtu
蝎 jjqr	隐 bq bqvn	瘿 ummv	由 mh mhng	好 vcbh
毅 uem uemc	瘾 ubq ubqn	映 jmd jmdy	犹 qtdn	玖 gngw
熠 onrg	印 qgb qgbh	硬 dgj dgjq	邮 mb mbh	於 ywu ywuy
镒 quw quwl	茚 aqgb	腰 eudv	油 img	盂 gfl gflf
劓 thlj	胤 txen	哟 kx kxqy	柚 smg	臾 vwi
殪 gqfu	应 yid	唷 kyc kyce	疣 udnv	鱼 qgf
薏 aujn	英 amd amdu	佣 weh	莜 awh awht	俞 wgej
黟 atdn	莺 apq apqg	拥 reh	莸 aqtn	禺 jmhy
翼 nla nlaw	婴 mmvf	痈 uek	铀 qmg	竽 tgf tgfj
臆 euj eujn	瑛 gam gamd	邕 vkc vkcb	蚰 jmg	舁 vaj
癔 uujn	嘤 kmmv	庸 yveh	游 iytb	娱 vkgd
镱 qujn	撄 rmmv	雍 yxt yxty	鱿 qgd qgdn	狳 qtwt
懿 fpgn	缨 xmmv	墉 fyvh	猷 usgd	谀 yvwy
因 ld ldi	罂 mmrm	慵 nyvh	蝣 jytb	馀 qnw qnwt
阴 be beg	樱 smmv	雝 yxtf	友 dc dcu	渔 iqgg
姻 vld vldy	璎 gmmv	铺 qyvh	有 def e	萸 avw avwu
洇 ildy	鹦 mmvg	臃 eyx eyxy	卣 hln hlnf	隅 bjm bjmy
茵 ald aldu	膺 ywwe	鯒 qgyh	酉 sgd	雩 ffnb
音 ujf	鹰 ywwg	饔 yxte	莠 ate ateb	嵛 mwgj
殷 rvn rvnc	迎 qbp qbpk	喁 kjm kjmy	铕 qdeg	愉 nw nwgj
氤 rnl rnld	茔 apff	永 yni ynii	牖 thgy	揄 rwgj
铟 qldy	盈 ecl eclf	甬 cej	黝 lfol	腴 evw evwy
喑 kuj kujg	荥 api apiu	咏 kyn kyni	又 ccc cccc	逾 wgep
堙 fsf fsfg	荧 apo apou	泳 iyni	右 dk dkf	愚 jmhn
吟 kwyn	莹 apgy	俑 wce wceh	幼 xln	榆 swgj
垠 fve fvey	萤 apj apju	勇 cel celb	佑 wdk wdkg	瑜 gwg gwgj
狺 qtyg	营 apk apkk	涌 ice iceh	侑 wde wdeg	虞 hak hakd
寅 pgmw	萦 apx apxi	恿 cen cenu	囿 lde lded	觎 wgeq
淫 iet ietf	楹 sec secl	蛹 jceh	宥 pdef	窬 pwwj
银 qve qvey	滢 iapy	踊 khc khce	诱 yte yten	舆 wfl wflw
鄞 akgb	鎣 apqf	用 et etnh	蚴 jxl jxln	蝓 jwgj
夤 qpgw	潆 iapi	优 wdn wdnn	釉 tom tomg	与 gn gngd
龈 hwbe	蝇 jk jkjn	忧 ndn ndnn	鼬 vnum	伛 waqy
霪 fief	赢 ynky	攸 whty	纡 xgf xgfh	宇 pgf pgfj
乂 pny	嬴 ynky	呦 kxl kxln	迂 gfp gfpk	屿 mgn mgng

羽 nny nnyg	钰 qgyy	智 qbhf	苑 aqb aqbb	纭 xfc xfcy
雨 fghy	预 cbd cbdm	鸳 qbq qbqg	怨 qbn qbnu	芸 afcu
俣 wkg wkgd	域 fakg	渊 ito itoh	垸 fpf fpfq	昀 jqu jqug
禹 tkm tkmy	欲 wwkw	箢 tpq tpqb	媛 vefc	郧 kmb kmbh
语 ygk ygkg	谕 ywgj	元 fqb	掾 rxe rxey	耘 difc
圄 lgkd	阈 uak uakg	员 km kmu	瑷 gefc	氲 rnjl
圉 lfu lfuf	喻 kwgj	园 lfq lfqv	愿 drin	允 cq cqb
庾 yvwi	寓 pjm pjmy	沅 ifq ifqn	曰 jhng	狁 qtc qtcq
瘐 uvw uvwi	御 trh trhb	垣 fgjg	约 xq xqyy	陨 bkm bkmy
窳 pwry	裕 puw puwk	爰 eft eftc	月 eee eeee	殒 gqk gqkm
齬 hwbk	遇 jm jmhp	原 dr drii	刖 ejh	孕 ebf
玉 gy gyi	鹆 wwkg	圆 lkmi	岳 rgm rgmj	运 fcp fcpi
驭 ccy	愈 wgen	袁 fke fkeu	钥 qeg	郓 plb plbh
吁 kgfh	煜 oju ojug	援 ref refc	悦 nuk nukq	恽 npl nplh
聿 vfhk	蓣 acbm	缘 xxe xxey	钺 qant	晕 jp jplj
芋 agf agfj	誉 iwyf	鼋 fqkn	阅 uuk uukq	酝 sgf sgfc
妪 vaq vaqy	毓 txgq	塬 fdr fdri	跃 khtd	愠 njlg
饫 qntd	蜮 jak jakg	源 idr idri	粤 tlo tlon	韫 fnhl
育 yce ycef	豫 cbq cbqe	猿 qtfe	越 fha fhat	韵 ujqu
郁 deb debh	燠 otm otmd	辕 lfk lfke	樾 sfht	熨 nfio
昱 juf	鹬 cbtg	圜 llg llge	俞 wgka	蕴 axj axjl
狱 qtyd	鬻 xoxh	橼 sxxe	渝 iwga	
峪 mwwk	鸢 aqyg	螈 jdr jdri	云 fcu	
浴 iww iwwk	冤 pqk pqky	远 fqp fqpv	匀 qu qud	

Z

匝 amh amhk	糌 othj	脏 eyf eyfg	噪 kkks	仄 dwi
咂 kam kamh	簪 taq taqj	葬 agq agqa	燥 okk okks	昃 jdw jdwu
拶 rvq rvqy	咱 kth kthg	遭 gmap	躁 khks	贼 madt
杂 vs vsu	昝 thj thjf	糟 ogmj	则 mj mjh	怎 thfn
砸 damh	攒 rtfm	凿 ogu ogub	择 rcf rcfh	谮 yaqj
灾 po pou	趱 fht fhtm	早 jh jhnh	泽 icf icfh	曾 ul uljf
甾 vlf	暂 lrj lrjf	枣 gmiu	责 gmu	增 ful fulj
哉 fak fakd	赞 tfqm	蚤 cyj cyju	迮 thfp	憎 nul nulj
栽 fas fasi	錾 lrq lrqf	澡 ik ikks	喷 kgm kgmy	缯 xul xulj
宰 puj	脏 myf myfg	藻 aik aiks	帻 mhgm	罾 lul lulj
载 fa falk	臧 dnd dndt	灶 of ofg	笮 tth tthf	锃 qkg qkgg
崽 mln mlnu	驵 ceg cegg	皂 rab	舴 tetf	甑 uljn
再 gmf gmfd	奘 nhdd	唣 kra kran	箦 tgmu	赠 mu mulj
在 d dhfd		造 tfkp	赜 ahkm	吒 ktan

咋 kthf	斩 lr lrh	啁 kmf kmfk	斟 adwf	帧 mhhm
听 krrh	展 nae naei	找 ra rat	甄 sfgn	政 ght ghty
喳 ksj ksjg	盏 glf	沼 ivk ivkg	蓁 adwt	症 ugh ughd
揸 rsj rsjg	崭 ml mlrj	召 vkf	榛 sdwt	之 pp pppp
渣 isjg	搌 rnae	兆 iqv	篆 tdgt	支 fc fcu
楂 ssjg	辗 lna lnae	诏 yvk yvkg	臻 gcft	卮 rgbv
鲝 thlg	占 hk hkf	赵 fhq fhqi	诊 ywe ywet	汁 ifh
扎 rnn	战 hka hkat	笊 trhy	枕 spq spqn	芝 ap apu
札 snn	栈 sgt	棹 shj shjh	胗 ewe ewet	吱 kfc kfcy
轧 lnn	站 uh uhkg	照 jvko	轸 lwe lwet	枝 sfc sfcy
闸 ulk	绽 xpg xpgh	罩 lhj lhjj	畛 lwet	知 td tdkg
铡 qmj qmjh	湛 iad iadn	肇 ynth	疹 uwe uwee	织 xkw xkwy
眨 htp htpy	骣 cnb cnbb	蛰 rrj rrju	缜 xfh xfhw	肢 efc efcy
砟 dth dthf	蘸 asgo	遮 yaop	稹 tfhw	栀 srgb
乍 thf thfd	张 xt xtay	折 rr rrh	圳 fkh	祇 pyqy
诈 yth ythf	章 ujj	哲 rrk rrkf	阵 bl blh	胝 eqa eqay
吒 kpta	鄣 ujb ujbh	辄 lbn lbnn	鸩 pqq pqqg	脂 ex exjg
栅 smmg	嫜 vujh	蛰 rvyj	振 rdf rdfe	蜘 jtdk
炸 oth othf	彰 uje ujet	谪 yum yumd	朕 eudy	执 rvy rvyy
痄 uthf	漳 iuj iujh	摺 rnrg	赈 mdfe	侄 wgcf
蚱 jthf	獐 qtuj	礌 dqas	镇 qfhw	直 fh fhf
榨 spw spwf	樟 suj sujh	辙 lyc lyct	震 fdf fdfe	值 wfhg
腊 eupk	璋 guj gujh	者 ftj ftjf	争 qv qvhj	埴 ffhg
斋 ydm ydmj	蟑 jujh	锗 qft qftj	征 tgh tghg	职 bk bkwy
摘 rum rumd	仉 wmn	赭 fofj	怔 ngh nghg	植 sfhg
宅 pta ptab	涨 ix ixty	褶 punr	峥 mqv mqvh	殖 gqf gqfh
翟 nwyf	掌 ipkr	这 p ypi	挣 rqvh	絷 rvyi
窄 pwtf	丈 dyi	柘 sdg	狰 qtqh	跖 khdg
债 wgmy	仗 wdyy	浙 irr irrh	钲 qghg	摭 rya ryao
砦 hxd hxdf	帐 mht mhty	蔗 aya ayao	睁 hqv hqvh	蹠 khub
寨 pfjs	杖 sdy sdyy	鹧 yaog	铮 qqv qqvh	夂 ttn ttny
瘵 uwf uwfi	胀 eta etay	贞 hm hmu	筝 tqvh	止 hh hhhg
沾 ihk ihkg	账 mta mtay	针 qf qfh	蒸 abi abio	只 kw kwu
毡 tfnk	障 buj bujh	侦 whmy	徵 tmgt	旨 xj xjf
旃 ytmy	嶂 muj mujh	浈 ihm ihmy	拯 rbi rbig	址 fhg
粘 oh ohkg	幛 mhuj	珍 gw gwet	整 gkih	纸 xqa xqan
詹 qdw qdwy	瘴 uujk	桢 shm shmy	正 ghd	芷 ahf
谵 yqdy	钊 qjh	真 fhw fhwu	证 ygh yghg	祉 pyh pyhg
澶 iylg	招 rvk rvkg	砧 dhkg	诤 yqvh	咫 nyk nykw
瞻 hqd hqdy	昭 jvk jvkg	祯 pyhm	郑 udb udbh	指 rxj rxjg

枳 skw skwy	颐 khrm	侏 wri wriy	祝 pyk pykq	窀 pwgn
帜 lkw lkwy	中 k khk	诛 yri yriy	洼 uygd	谆 yybg
趾 khh khhg	忠 khn khnu	邾 rib ribh	著 aft aftj	准 uwy uwyg
菏 ogui	终 xtu xtuy	洙 iri iriy	蛀 jyg jygg	卓 hjj
酯 sgx sgxj	盅 khl khlf	茱 ari ariu	筑 tam tamy	拙 rbm rbmh
至 gcf gcff	钟 qkhh	株 sri sriy	铸 qdt qdtf	倬 whjh
志 fn fnu	舯 tek tekh	珠 gr griy	箸 tft tftj	捉 rkh rkhy
忮 nfcy	衷 ykhe	诸 yft yftj	翥 ftjn	桌 hjs hjsu
豸 eer	锺 qtgf	猪 qtfj	抓 rrhy	涿 ieyy
制 rmhj	螽 tujj	铢 qri qriy	爪 rhyi	灼 oqy oqyy
帙 mhrw	肿 ek ekhh	蛛 jri jriy	拽 rjx rjxt	茁 abm abmj
帜 mhkw	种 tkh tkhh	楮 syfj	专 fny fnyi	斫 drh
治 ick ickg	冢 pey peyu	潴 iqtj	砖 dfny	浊 ij ijy
炙 qo qou	踵 khtf	橥 qtfs	颛 mdmm	浞 ikhy
质 rfm rfmi	仲 wkhh	竹 ttg ttgh	转 lfn lfny	诼 yey yeyy
郅 gcfb	众 wwwu	竺 tff	啭 klfy	酌 sgq sgqy
峙 mff mffy	重 tgj tgjf	烛 oj ojy	赚 muv muvo	啄 keyy
栉 sab sabh	州 ytyh	逐 epi	撰 rnnw	着 udh udhf
陟 bhi bhit	舟 tei	舳 temg	篆 txe txeu	琢 gey geyy
挚 rvyr	诌 yqvg	瘃 uey ueyi	馔 qnnw	糕 pyuo
桎 sgcf	周 mfk mfkd	躅 khlj	妆 uv uvg	擢 rnwy
秩 trw trwy	洲 iyt iyth	、 yyl yyll	庄 yfd	濯 inw inwy
致 gcft	粥 xox xoxn	主 y ygd	桩 syf syfg	镯 qlqj
贽 rvym	妯 vm vmg	拄 ryg rygg	装 ufy ufye	仔 wbg
轾 lgc lgcf	轴 lm lmg	渚 ift iftj	丬 uygh	孜 bty
掷 rudb	碡 dgx dgxu	属 ntk ntky	壮 ufg	兹 uxx uxxu
痔 uffi	肘 efy	煮 ftjo	状 udy	咨 uqwk
室 pwg pwgf	帚 vpm vpmh	嘱 knt knty	幢 mhu mhuf	姿 uqwv
鸷 rvyg	纣 xfy	麈 ynjg	撞 ruj rujf	赀 hxm hxmu
彘 xgx xgxx	咒 kkm kkmb	瞩 hnt hnty	隹 wyg	资 uqwm
智 tdkj	宙 pm pmf	仁 wpg wpgg	追 wnnp	淄 ivl ivlg
滞 igk igkh	绉 xqv xqvg	住 wygg	骓 cwyg	缁 xvl xvlg
痣 ufni	昼 nyj nyjg	助 egl egln	椎 swy swyg	谘 yuq yuqk
蛭 jgc jgcf	胄 mef	苎 apgf	锥 qwy qwyg	挈 uxxb
骘 bhic	荮 axf axfu	杼 scb scbh	坠 bwff	嵫 mux muxx
稚 twy twyg	皱 qvhc	注 iy iygg	缀 xcc xccc	滋 iux iuxx
置 lfhf	酎 sgfy	贮 mpg mpgg	惴 nmdj	粢 uqwo
雉 tdwy	骤 cbc cbci	驻 cy cygg	缒 xwnp	辎 lvl lvlg
膣 epwf	籀 trql	柱 syg sygg	赘 gqtm	觜 hxq hxqe
觯 qeuf	朱 ri rii	炷 oyg oygg	腏 egb egbn	趑 fhuw

镏 qvl qvlg	恩 uqwn	陂 bbc bbcy	祖 pye pyeg	昨 jt jthf
龇 hwbx	渍 igm igmy	鄹 bctb	躜 khtm	左 da daf
髭 deh dehx	眦 hhx hhxn	鲰 qgbc	缵 xtfm	佐 wda wdag
鲻 qgvl	宗 pfi pfiu	走 fhu	纂 thdi	作 wt wthf
籽 ob obg	综 xp xpfi	奏 dwg dwgd	钻 qhk qhkg	坐 wwf wwff
子 bb bbbb	棕 sp spfi	揍 rdwd	攥 rthi	阼 bth bthf
姊 vtnt	腙 epfi	租 teg tegg	嘴 khx khxe	怍 nth nthf
秭 ttnt	踪 khp khpi	菹 aie aieg	最 jb jbcu	柞 sth sthf
籽 dib dibg	紫 dep depi	足 khu	罪 ldj ldjd	祚 pyt pytf
第 ttnt	总 ukn uknu	卒 ywwf	蕞 ajb ajbc	胙 eth ethf
梓 suh	偬 wqrn	族 ytt yttd	醉 sgy sgyf	唑 kww kwwf
紫 hxx hxxi	纵 xwwy	镞 qytd	尊 usg usgf	座 yww ywwf
滓 ipu ipuh	棕 opfi	诅 yeg yegg	遵 usgp	做 wdt wdty
訾 hxy hxyf	邹 qvb qvbh	阻 begg	樽 susf	
字 pbf	驺 cqv cqvg	组 xeg xegg	鳟 qguf	
自 thd	诹 ybc ybcy	俎 wweg	撙 rus rusf	

五笔字型字根键位图

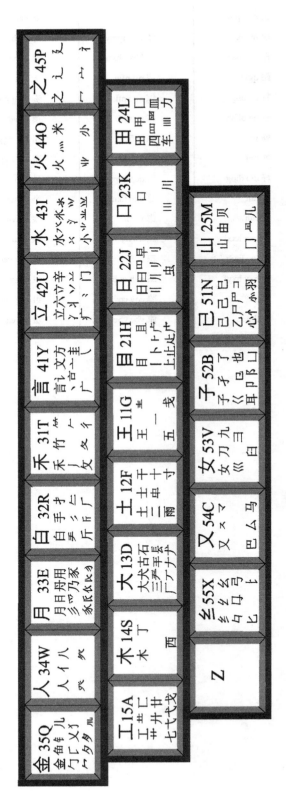

金 35Q 金钅鱼钅儿 勹厂匚乂彡 ⺈⺈夕儿	人 34W 人亻八 癶	月 33E 月乃舟用 彡肜乃豕 豕⺕⺨⺬	白 32R 白手扌 ⺀手彡氐 斤⺁厂	禾 31T 禾竹⺮ ノ⺡彳	言 41Y 言讠文方 ⺀亠⺀主 广	立 42U 立六⺍辛 ⻊冫⺀⺀ 疒⺇冫门	水 43I 水⺡水⺣ ⺀氵 小⺍⺀⺍	火 44O 火⺍米 ⺍火⺍	之 45P 之辶廴 ⻌⺀辶⻖
工 15A 工⺩匚匸 ⺀廾廾 弋⺂弋戈	木 14S 木 丁 西	大 13D 大犬古石 三⺕ナ长 ⺁アナナ	土 12F 土士干 二十 寸雨	王 11G 王⺩⺀ 一 五戋	目 21H 目且 丨卜⺊⺁ 上止⻊⻗	日 22J 日曰四早 刂刂刂刂 虫	口 23K 口 丨川	田 24L 田甲⺍口 ⺆⺍⻌皿力 车⺀皿	
			又 54C 又⺇マ 巴厶马	幺 55X 幺纟纟 ⺀⺀弓 匕匕	女 53V 女刀九 彐⺌ ⺕	子 52B 子孑了 《《巳也 耳阝卩⻖	已 51N 已己巳 乙尸⻖⺕ 心⺗忄⺍羽	山 25M 山由贝 ⺆⺆几	
Z									

反侵权盗版声明

电子工业出版社依法对本作品享有专有出版权。任何未经权利人书面许可，复制、销售或通过信息网络传播本作品的行为，歪曲、篡改、剽窃本作品的行为，均违反《中华人民共和国著作权法》，其行为人应承担相应的民事责任和行政责任，构成犯罪的，将被依法追究刑事责任。

为了维护市场秩序，保护权利人的合法权益，我社将依法查处和打击侵权盗版的单位和个人。欢迎社会各界人士积极举报侵权盗版行为，本社将奖励举报有功人员，并保证举报人的信息不被泄露。

举报电话：（010）88254396；（010）88258888
传　　真：（010）88254397
E-mail：　dbqq@phei.com.cn
通信地址：北京市万寿路 173 信箱
　　　　　电子工业出版社总编办公室
邮　　编：100036